U0295763

《行走的味道——上海特色旅游食品赏鉴》
编委名单

总顾问：李友钟　菅和平

总策划：陈必华　侯伟康

主　编：李　明　高克敏

副主编：董　强

编　辑：沈源琼　睦　阳

《主人》丛书·

行走的味道

上海特色旅游食品赏鉴

《主人》编辑部

上海市食品协会

联合编写

上海三联书店

序 一

　　窗外，秋风徐徐，阳光正好。此刻，拿到《行走的味道——上海特色旅游食品赏鉴》的清样，正是2017年度上海特色旅游食品评选揭晓之时。新评选出来的54只特色旅游食品（伴手礼）和20只通过复评的特色旅游食品（伴手礼），无论内在质量还是外观包装，都洋溢着一个新字，给人一种耳目一新的感觉。

　　与往年相比，今年参与上海特色旅游食品评选的产品以新品精品居多。其中，既有上海百年品牌的老字号，又有近年来家喻户晓的知名企业和电商。食品品类丰富，涵盖了休闲类、烘焙类、农副产品等，很多产品都是传统积淀和时尚创新的有机结合。在外包装设计上，不少企业也下了不少功夫。一些企业邀请业内专业人士量身定制包装，典雅的设计风格，极具创意又富有海派特色。这些变化，表明上海食品行业积极对标国际，汲取各国之长、融会贯通，努力生产适合新消费的潮品、精品，展现海派食品新貌，推进上海国际城市建设。

　　上海是我国食品工业的发源地之一，曾引领风尚几十年，形成了独有的海派食品风韵；上海食品工业在制造工艺、制造水平、产品创新等方面，在全国占有一席之地，引领带动中国食品工业发展。

　　伴手礼，这个流行于闽台一带的古老习俗，和"人情味"密不可分。外出旅游，总会随身携带一些当地的美食特产或纪念品作为小礼物，送给亲友、聊表心意，价值虽不名贵，但礼轻情意重。从某种意义上来说，伴手礼是一座城市的名片。

　　全球知名的商业和旅游目的地国家和地区，都有伴手礼文化的身影——法国的波尔多红酒，英国的川宁红茶，加拿大的枫树糖浆，意大利的费列罗巧克力，捷克的水晶，澳大利亚的绵羊油，新西兰的曼努卡蜂蜜，斯里兰卡的锡兰红茶，匈牙利的鹅肝酱，约旦的瓶中画，巴西的咖啡豆等。香港有小熊饼干，日本有白色恋人，弹丸之地的澳门，仅仅凭借着一块肉脯，这一小小的伴手礼，成功带动了澳门特色旅游食品的发展。

　　而在台湾，伴手礼已成为一个庞大的产业。台北101大楼，专辟楼层，集聚营销全省各地的伴手礼。此外，全省各地也会通过举办多种创意活动来推广当地的伴手礼发展。在强势宣传下，凤梨酥、牛轧糖、太阳饼……这些几乎都已成赴台旅游必买的美食。

上海，也不缺少有品味、有故事的伴手礼。在上世纪30年代，有位法国师傅将一种"耳朵饼"带到当时的远东第一高楼：上海国际饭店。浪漫的海派文化，赋予了它一个美丽而又形神兼备的名字：蝴蝶酥。

时光流转，城市变迁，市民的生活方式发生了巨大的变化，那些曾经极其紧俏，标志着计划经济时代百姓衣食住行标配与生活品质象征的上海特色旅游食品的角色，也随着时代的发展发生了转变。

激活沉淀的记忆，让其发挥独特的魅力；让记忆产生经济效益，让情感重振商业大市。上海注意到了这一现象。

从2010年开始，在上海市旅游局、上海市商务委的支持下，上海市食品协会、上海市旅游行业协会、上海市包装技术协会和上海市食品学会联合开展了"上海特色旅游食品"的评选。在听取各方意见、专家团队的提议后，评选更加注重品种创新，产品精致，包装新颖。通过搭建平台，服务和提升上海特色旅游食品的地位和份额。

作为上海旅游节和上海购物节的活动之一，上海特色旅游食品评选旨在促进上海旅游和商业的发展，让来沪的海内外游客都能够买到代表上海地域特色、蕴藏海派文化内涵的食品，让游客们带着独特的"上海味道"回家。

为了让市民或者游客能够便捷地挑选出上海的特色旅游食品，上海特色旅游食品评选组委会设计了"双手捧出白玉兰"的特色旅游食品标志，并注册登记。

8年来，上海特色旅游食品评选每年都有新面貌，年年迈上新台阶。通过特色旅游食品的评选活动，推动上海食品工业坚持科技创新和文化创意双轮驱动，加快加深食品产业和旅游产业的融合发展，发挥食品业与旅游业结合的综合效应，汇聚起老中青代代匠人，服务于本市经济社会建设发展，促进上海旅游食品的发展。

2017年度上海特色旅游食品的评选主题是：充分发掘和展示本市丰富多彩的地域特色食品，适应本市旅游业发展要求，加快加深食品产业和旅游产业的融合发展，发挥食品业与旅游业结合的综合效应，展示都市形象，服务于本市经济社会建设发展，促进上海旅游食品的发展。

参与2017年度上海特色旅游食品评选的产品，不仅品种多、质量上乘，而且外包装设计装潢新颖别致，极具创意，富有海派特色，比如，小葱油开洋酱拌一拌，就是老上海的葱油拌面；小笼包好吃不好带，做成咸点心却能添一份意趣；"老克勒、轧闹猛、四大金刚"印在茶叶盒子上，一看就是上海来的……既有老字号的经典产品，也有新企业的独家创意，挖掘的却都是老上海的市井味道。

一些新企业也拿出了不少创意之作。"我们的酿酒基地在生态岛崇明，用新鲜桑果、枸杞等加上原浆酒，酿制而成桑果酒、枸杞酒，口味清甜。"一家位于崇明现代农业园区的制酒企业介绍，为了方便游客携带，他们特别制作了100毫升、125毫升的小瓶装，今后还会加上崇明老白酒，形成一个小礼盒。

小笼包是上海的特色美食，但想要带回家可不容易。为此第一食品做了一款形似神不似的小笼包酥包，外形酷似小笼包，但却是一款咸口的酥饼。即将上市的大闸蟹也是上海人的"心头好"，如何让游客也品尝到这一美味呢？十六盏带来的"蟹肉辣火酱"，不但口味上鲜咸微辣，适合大部分地区的消费者，在包装上也别有心思，三瓶一组装在有拎手的纸盒里，方便馈赠。该公司还有一款月饼礼盒则把滇式月饼、苏式月饼、粤式月饼集中在一盒里，再加上手切藕粉、金桂蜜、蟹肉酱等江南美食，计划在浦东机场、东方明珠等游客集中的地方发售。

截至2016年，有134只产品获得"上海特色旅游食品"这一称号，在质量、创意、包装等方面都有显著提高，而市场价格集中在亲民的三五十元之间。2016年年底，国际饭店设计了一款蝴蝶酥的礼盒，将原来装在塑料袋里的大蝴蝶酥，改成两口一个的小蝴蝶酥，再加上单独的小包装和纸盒、提袋，保质期也延长到了3个月，受到了市场欢迎。

食品弹性消费是衡量一个地区旅游业发达程度的标志，上海特色旅游食品发展面临的好机遇来源于上海旅游业的大力发展。国家部署推进消费扩大和升级要求重点推进的六大领域消费，其中一项便是升级旅游休闲消费；国民收入的持续增加，又为旅游消费提供了基础保障；上海迪士尼等旅游景点的建设进一步拓展了本市旅游、商业的空间。旅游经济的发展，对推动旅游业与其他产业融合，拉动消费，服务生产，增强城市竞争力、影响力发挥着重要作用。把上海旅游打造成城市不可或缺的重要名片，正在成为相关行业努力的目标。与此同时，旅游业的重要配角——特色旅游食品也获得重要发展机遇。

在时间的叙事里，当下连接未来。上海特色旅游食品评选经过8年的打造，如今，已从过去要求企业参评，发展到企业积极要求参评。从此次评选活动中可以看出，各区和企业集团重视和积极参与今年的旅游特色食品评选活动，视之为企业转型升级的契机，积极组织所属企业对老产品传承创新，努力研发新品潮品。黄浦、青浦、崇明等区有关部门领导深入基层，鼓励企业参与评选，光明集团等大型食品集团以组团形式组织企业参与评选。

上海有着极其丰富的会、商、旅、文、体资源，完全可以依托强大的城市、人流和商业资源，以特色旅游食品为切入点，传承上海老字号等食品的精华，研发具有时代特征的新品、精品，形成消费新格局，擦亮城市名片。

时代需要上海拿出无愧于国际旅游城市称号的伴手礼。上海商业的重振雄风，从特色旅游食品开始，在升级换代的步伐中，再现工匠精神，让世界了解上海购物天堂的魅力。在政策的扶持和激励下，上海特色旅游食品必将迎来史上最为鼎盛的发展时期。

高克敏

上海市食品协会秘书长

上海特色旅游食品评选组委会负责人

2017年10月

序　二

　　旅游，已经从少数人的奢侈消费发展为大众化的消费，且日益成为常态化的生活方式。未来二三十年，将是中国旅游业发展的"黄金期"，旅游消费需求爆发式增长期。升级旅游休闲消费，已成为国家部署推进消费扩大和升级要求重点推进的六大领域消费之一。

　　上海是中西经济文化和现代食品业发祥地，文化底蕴深厚，科技力量较强，旅游、食品两业融合发展，合力互补。在"吃、住、行、游、购、娱"等旅游基本要素中，"吃"、"购"都与食品密切相关。我国是礼仪之邦，具有典型的情谊文化特色。古人早有"茶食为礼"的风俗，远行归来，走亲访友，赠以"茶食"，不单是物质的传递，更是精神、情感和文化的表达。发展上海特色旅游食品，对传承民族优秀文化，提升上海城市知名度、美誉度和亲和力，具有重要意义。

　　从2010年开始，在市商务委、市旅游局等政府部门的支持下，上海市食品协会、旅游行业协会、包装技术协会和食品学会每一年度都会开展"上海特色旅游食品"评选活动，社会影响日益扩大，效果不断提升；上海已先走全国一步。上海特色旅游食品已被纳入每届上海国际旅游商品博览会展品名录；评选活动已被列为上海旅游节的活动内容之一。

　　一年一度的"上海特色旅游食品"评选活动，是一个学习、交流、探索、提升的大平台。我们要坚持量中求质，质量优先；坚持绿色安全，节能环保；坚持企业为主，协同推进；坚持做强精品，确立形象；坚持政策引导，市场运作。我们要继续深化特色旅游食品对旅游业、食品业发展作用意义的认识，进一步发掘、开创具有上海地域特色、文化特征、工艺特点的旅游食品。

忻士浩

上海市旅游行业协会副秘书长

上海特色旅游食品评选组委会成员单位领导

2017年10月

序 三

　　秋天是丰收的季节，上海特色旅游食品评选活动也到了收获的时节。这项活动已经进入第八个年头。在各方的共同努力下，评选活动无论是参评规模，还是影响力都在不断提高，迄今为止评选出的优秀产品，提升了旅游食品的整体水平，受到了各方欢迎和好评。

　　上海在向深度和广度发展，经短短几年的培育和评选活动，促进和加强旅游食品和包装行业之间的相互融合。以旅游市场为抓手，对食品和包装行业提出了更高、更新的要求，特别是在行业转型发展的关键期，延伸、拓展行业产业链，起到了积极的推进作用，为食品和包装行业提供了发展空间。这里值得一提的是食品协会做了大量和卓有成效的工作，为活动可持续发展创造条件，也值得其他主办单位学习。

　　《行走的味道》一书即将付印，可喜可贺。我作为参与活动的当事人，经历了评选活动的全过程，更感受到四个协会组成的"产业链"，搭建的服务平台，为拓展日新月异的旅游市场显现活力。特色旅游食品好比远行的"新娘"，要有漂亮的"外衣"，才能彰显"新娘"的"甜"、"美"。在旅游食品中，包装已成为不可或缺的重要组成部分，放眼市场，与其说看到的是琳琅满目的商品，不如说看到的是千姿百态的包装。我常把包装的作用形容为：为产品"保驾护航"和"锦上添花"，而在这特色旅游食品中更体现了为产品摇旗呐喊的作用。我曾在多次会议上呼吁：特色旅游食品要迎合消费的新潮流，不能躺在"老"字上"自得其乐"，而是应放在"新"字上"推陈出新"，功夫要下在"特"字上，要有上海的"腔调"。跳出"老"字看"新"字，重塑上海旅游食品的新形象！

庄英杰

上海市包装技术协会名誉会长

上海特色旅游食品评选组委会成员单位领导

2017年10月

序 四

上海特色旅游食品是上海旅游发展的重要组成部分，是上海的名片。上海旅游业的发展，将会进一步推动上海特色旅游食品的发展。

在历史上，上海食品是国内消费者馈赠亲友的礼品。当前，上海特色旅游食品要与时俱进，人们已经从"吃得饱"转向"吃得好"、"吃得健康"。上海特色旅游食品也在美味的基础上，越发关注营养健康和方便美观。

创新是推进上海特色旅游食品发展的主旋律。上海特色旅游食品的创新需要围绕两大主旨：质和值。也就是围绕食品色香味形感官特性的创新和营养保健价值的创新。作为传统食品，上海特色旅游食品的现代化发展方向包括：营养化、标准化、工业化、地域特色化、品牌化。新颖上海特色旅游食品的发展方向包括：方便化和功能化。

我们要加强产学研的结合，以自主创新体现上海特色旅游食品的特色和价值；以低碳经济推动上海特色旅游食品可持续发展，为市场提供更多的老百姓喜欢的上海特色旅游食品。

潘迎捷

上海市食品学会理事长

上海特色旅游食品评选组委会成员单位领导

2017年10月

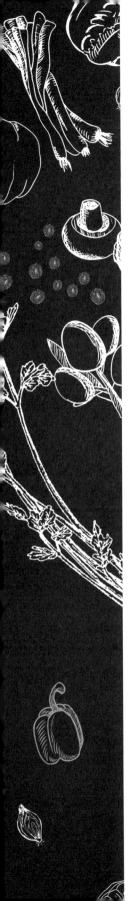

目　录

悠悠

岁月

第 1 辑

沙，从指缝流走
金，在掌心璀璨
时光更迭
经典沉淀
是人世间最长情的告白
是"老饕客"钟爱的滋味

历久弥新"大白兔"

岁月悠悠，往事如烟。童年印记，在时间年轮的缝隙里穿梭，叩击着静水般的情思。她蹒跚地走进食品一店，在糖果柜前伫足。迷离的目光，落在两款兔形铁盒上，久久，久久。那是由大白兔奶糖携手法国时尚品牌"agnes b."推出的限量款珍藏版奶糖。相比传统版本，口味依然经典；卖相上，有着简约美与国际范；尽管价格翻了数番，却风靡沪上，连潮流一族也爱不释手。

在她走过的漫漫人生路上，大白兔奶糖曾温暖了一个又一个寂寥的日子。不再犹豫，她掏钱买下一盒，想着一家人嚼着奶糖其乐融融的样子，笑意荡漾开来。记忆的闸门也随之开启……

小时候，母亲会在过节时，给几个孩子每人发一颗"大白兔"。在那物资匮乏的年代，绝对是奢侈品，一般人家的孩子很难吃到。

"七颗'大白兔'，等于一杯牛奶。"那个时代，"大白兔"被视作营养品。她曾听母亲说，尚在襁褓时，母亲奶水不足，常常将几颗"大白兔"放进茶缸，用开水冲调融化，喂给她吃。母亲有时会开玩笑地对她说："是'大白兔'哺育了你！"

"计划经济"时代，大白兔奶糖是上海人的骄傲，也是上海货的代名词。人们来上海采买"大白兔"的热度，丝毫不亚于当下国人去日本采买马桶盖。1959年，大白兔奶糖入选"上海产业工人向国庆十周年献礼产品"。

据悉，日理万机的周恩来总理也钟爱"大白兔"的醇香。在他办公桌上，总是放着一袋"大白兔"。疲累时，来一颗，提提神，醒醒脑，给繁重的工作增添一丝幸福的滋味。

1972年，时任美国总统的尼克松访华，其部下先行来到上海，觉得大白兔奶糖非常好吃，就推荐给了他。尼克松品尝后很是喜欢。于是，周恩来当即批示，将大白兔奶糖作为国礼赠予尼克松。后来，听装大白兔奶糖一度成为美国人复活节争相购买的礼物。

上世纪六七十年代，大白兔奶糖限量供应，采买必须排上几小时的队伍。但人们还是愿意花时间排长龙，只为那无上美味。很多人在排队过程中相识，相熟，成为好友、恋人，甚至夫妻。

结婚，是人生大事；喜糖，是婚礼的一抹亮色。上世纪七八十年代，人们常以"什锦糖"作为喜糖，由新人采买、搭配。倘若这"五颜六色"中有一颗"大白兔"，那么，婚礼档次也跟着上了台阶，新人会觉得"老扎台型额"。

她结婚时，母亲四处托关系、找门路，弄来了五斤大白兔奶糖。婚礼的风光，不言而喻。待到她孩子读中学时，弄堂里的阿姨妈妈，还在议论这事哩！

有报道称，第二十八届雅典奥运会男子69公斤级举重冠军张国政，在上海比赛期间，特地买了20斤左右的大白兔奶糖，带回去给心上人，因为对方爱吃糖。他的诚意，最终打动了姑娘。"大白兔"无形之间成了他们爱情的纽带。

伊拉克战争期间，我国一名战地记者，奔赴前线捕捉新闻。他随行带了几包"大白兔"。当地儿童看见后，都伸出了小手，表示"想吃"。这些饱受摧残的孩子，瘦弱无助的模样，令记者动容，他把大白兔奶糖分给了他们。这些孩子拿到奶糖后，不肯整颗放进口中，而是慢慢地舔着吃。他们告诉那位战地记者，希望能和全世界的孩子共同享受和平，一起开开心心吃大白兔奶糖。

成家之后，她总会到南京东路的第一食品商店买一些新上架的"大白兔"，用玻璃罐装着，摆在客厅，招待客人。

这些年，经济条件好了，"大白兔"不再那么稀缺，零食也有了更多选择，但她从来没有停止过采买"大白兔"。她说，子辈长大后，虽不再吃"大白兔"，但孙辈爱吃，加上自己和健在的老母亲也偶尔吃上几颗，所以，"大白兔"始终是她家中的常备品。

"快50多年了"，大白兔真的就像活生生的一只兔子，跃动在她内心。于她而言，大白兔已经不是一般意义上的食品了，早已成为"岁月的记忆"和"情感的寄托"。

像大白兔一样高度情感化的商品，在中国的商品生产历史上，堪称孤例。和她一样，很多消费者仍然保留着家中常备"大白兔"的习惯；逢年过节，更是少不了这一味。

北京有一位90多岁的老人，身子骨硬朗，烟不抽、酒不喝，就是对"大白兔"情有独钟。据说，每月要吃五六斤"大白兔"奶糖，就此得了个"兔爷爷"的尊称。

"兔爷爷"平时兜里总装着"大白兔"，他时不时会往嘴里塞进一颗，咀嚼着、吮吸着、品味着，还常与周遭老人、孩童分享。他还不忘提醒孩童，"别急着嚼，慢慢吮，要让糖果在嘴里融化，这样才能长力气、长精神"。而对其他老人，他则搓着双手喷着嘴絮叨，"我和大白兔结缘可有40年了，那还是在南方工作时，第一次吃到大白兔奶糖。好家伙，让我烟也不想抽了，酒也不想喝了。我一下子就把刚买来的一斤糖全吃完了，那个感觉啊，甭提有多好了"。

一天，"兔爷爷"外出散步，在街角拐弯时，不慎被一辆车撞倒。驾驶员见状吓得脸色煞白，赶忙下车，却见"兔爷爷"已利索地从地上爬起。驾驶员赶紧扶住他问："伤着没有？去医院吧！""兔爷爷"摆摆手说："不碍事，不碍事，忙你的去。"过往行人也都劝他去医院检查一下，"兔爷爷"这才随驾驶员上了车。到医院拍片检查，确实没有伤。医生和驾驶员都感到惊讶："老大爷，您身子骨可真好！"老人笑了，"放心，我这把老骨头硬着呐"。说着从口袋里掏出一颗大白兔奶糖，"我天天吃大白兔，那可是几十年了"。边说边把手伸向驾驶员，对着那张迷茫的脸，老人笑开了。

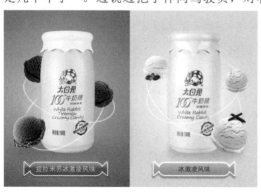

"嘿，七颗就等于一杯牛奶哩！小伙子，试试吧。"驾驶员不解地嘟囔道，"大白兔奶糖真那么管用？回头俺也去买一些"。

2004年年初，冠生园收到一封来自广州珠海区一位叫梁国翘先生的来信。信中，梁先生激动地述说了他102岁高寿的母亲与"大白兔"之间的故事——

老母亲自从十多年前吃了大白兔奶糖后，就"上了瘾"。"起床后，吃饭后，睡觉前，一定要吃，每天吃2两。如果旁人不限制她，她一天能吃上半斤多。如果哪天没吃到，她就坐立不安。"由此，梁先生认为老母亲之所以长寿，与吃大白兔奶糖密切相关。为了满足老母亲的爱好，梁先生差不多每个月都要买上6斤大白兔奶糖。近来，由于住家附近的商店缺货，他来信求助冠生园帮忙想想办法。知悉情况后，冠生园立即联系广州销售中心，及时派员带上大白兔奶糖，登门拜访这位"兔奶奶"，为百年人瑞送上深深的祝福。

大白兔的原型，来自英国。一位熟悉历史的专家说，曾经，一位上海商人在英国吃到了一种牛奶糖，觉得味道不错，回国后，便开始仿制，最终生产出了拥有自己品牌的国产奶糖。

这家企业生产出牛奶糖后，采用了"红色米奇老鼠"图案，并将产品称之为"ABC米老鼠糖"。这个商标使用了六七年，随着企业在1950年被收归国有，米奇老鼠的图标以涉嫌"崇洋"被停止使用，改为"白兔"图标。也就是从那一天起，"大白兔"伴随着历史，走进了千家万户。

上世纪五六十年代，大白兔奶糖每天的产量仅为800公斤，依赖手工制作。改革开放后，昔日的"贵族食品"，日益成为"大众美食"。如今，大白兔奶糖已是中国名牌、中华老字号品牌，产品更是经销世界50多个国家和地区，成为国际市场经久不衰的"宠儿"。历久弥新，生命长青，"大白兔"奶糖，"跃动"在人们心田。

（文/晔　琪）

馔香月满"杏花楼"

正是丹桂飘香时，朋友送来一盒杏花楼的玫瑰豆沙月饼。朋友介绍，这款月饼是杏花楼的核心产品，经典之作，无论工艺，还是选料，无不渗透着杏花楼人的匠心独运。

赤豆选用的是南通的"大红袍"，皮薄肉厚，出沙率高，而且豆香浓郁醇厚，是铲制豆沙的上品。工艺上包括煮豆、去皮、甩水、出沙。必须严格控制好水量、出沙细腻度。铲沙时，下料的先后、快慢、火候，都要严格按程序操作，来不得半点偷工减料。选择的玫瑰花瓣，一定要腌制两年以上，褪去花蕾的青涩味，散发着发酵后浓浓的玫瑰香。

据说，只有经过五年以上锤炼的老师傅，才有资格站上锅台，掌控满满一锅乌黑发亮的极致细沙。铲制好馅料只是做好月饼的第一步，制皮也是相当关键的一道工艺。制皮离不开糖浆，杏花楼的糖浆从不外购，一直是自家熬煮，其特点有二：一是配方特殊，二是不添加任何防腐剂，再普通的白糖依靠老师傅的非凡经验，也能转化为浓度适中、色泽金黄的糖浆。

然后，配上浓浓的花生油，配以古法制作的枧水，慢慢融合一起，直至拌透拌匀，再投入上等的面粉搅拌均匀，醒一个小时后，即可制作玫瑰豆沙月饼。经过印模打饼，烤制，蛋液涂层，终得一枚香甜可口的玫瑰豆沙月饼。

杏花楼创建于清朝咸丰元年（1851年），是一家以餐饮起家、月饼发家的百年名店。

1851年，一个名叫"胜仔"的广东人在上海当年的虹口区老大桥，创建了一开间门面的夜宵店"探花楼"，专营广东甜品和粥品。虽然是小本生意，但因广东风味地道，生意倒也不错。主要消费对象是生活节俭的广东移民。他们到"探花楼"来坐一坐，聊一聊，谈谈家常，叙叙乡情，老乡见老乡，乡音融融，乡情浓浓。

后来，"探花楼"又发展成"生昌号番菜馆"，于1883年迁址到原来的四马路（现福州路）。20世纪初，福州路开始热闹起来，广东人洪吉如、陈胜芳等看中小店颇有特色，又在繁华地段，于是盘进小店待机发展，经营广东小吃茶点，生产各式礼饼。当年的广东生滚粥、烧卖、煎堆和蒸糕，在上海已小有名气，很受市民欢迎。

1913年民国初期，上海商业兴起。广东人来沪经商设厂日益增多，客庄货栈也大量增加，当时的欧玉南经理将小店扩建成一座老式两层楼房，从而扩大营业，从经营广东小吃到随意小酌，备有酒菜，首次聘请名师主灼，烹制出一批"色香味型"均佳的广东名菜，招徕了更多达官贵人前来光顾。葱油嫩鸡原汁原味、鲜美无比；咕咾肉、蚝油牛肉各有其美；自制的鱼滑、鱼松，由于用料鲜活，滑韧富有弹性，很受欢迎……"探花楼"生意越做越好。

1927年，为了适应日益发展的商业交易往来的需要，扩大业务，该店善制粤菜的当家名师李金海被推荐任经理。李上任后雄心勃勃，看准时机投资买股，成立了"杏花楼昇记股份有限公司"，又在原址翻建出七开间门面，钢骨水泥结构的四层楼大饭店，经营正宗粤菜、龙凤礼饼、喜庆筵席、回礼茶盒、兼营欧美大菜。

1930年，清朝末科榜眼朱汝珍特地为杏花楼书写招牌，字体清秀，挂在店堂正中，尽管店牌历经风波，但至今犹存。为了扩大影响，杏花楼在门上也做足了广告，外墙面用水泥圆边雕琢图案，内用木料做字，朱红大漆涂写"巧制欧美大菜，专办中国筵席"。每层屋檐下用黑玻璃金字表明酒楼的特色和经营范围：底楼悬挂大汉全席，挂炉猪、鸭、海鲜炒卖、随意小吃、广东云吞、包办筵席、欧美大菜；二楼悬挂：龙凤礼饼、精制饼干、时令名点、四时鲜果、罐头食品、中西美酒、两洋海鲜；三楼的招牌是：内设华丽礼堂，专办婚宴、精制喜糕寿桃、官礼珍品一应俱全。酒家的经营项目、经营特色，顾客走过路过就能"一目了然"。

1928年，杏花楼的经营者以商人特有视角，捕捉到月饼这极具人文精神的敏感食品，开始试制月饼。他们买来当时市面上知名的月饼，逐只解剖，对月饼色泽、

皮子、馅芯、用料配料、烘焙、口味作了仔细研究，并瞄准较出名的陶陶酒家月饼展开销售竞争，但第一年以失败告终。

第二年，杏花楼重整旗鼓，开展销售竞争，加紧研究工艺，提高质量，精工细作，并先生产了300公斤月饼奉送给老顾客品尝，以征求意见，从而掌握了上海人"既要卖相好，又要馅芯好"的消费特点。当年杏花楼就组织人员进行精心制作，首先到全国著名产地选购优质原料，为形成杏花楼月饼特色奠定质量基础。从此，杏花楼月饼以"用料讲究"领先众商家。

精心准备后的杏花楼月饼于1929年正式面市，在上海一炮打响。后来，杏花楼月饼不断改进工艺，选料、配方、加工都独具一格。1930年，杏花楼生产的月饼就具有外型美观、色泽金黄、油水充足、皮薄馅丰、松软可口的鲜明特色，月饼花色也多：有莲蓉、豆沙等等，渐渐在市民心中立起了牌子。

杏花楼月饼虽然名气越来越响，但其经营者并不满足，提出了一系列改进措施。如：月饼中用的"玫瑰花"，从储存一年的改为储存两年的，香味更浓；用的料酒，由原来的高粱酒改为山西汾酒，在精品中改用了茅台，醇香沁脾，这样杏花楼月饼馅芯香味更浓。

从1932年起，杏花楼月饼在数量和质量上均跃居同行之上。1934年，由于月饼市场竞争激烈，其经营者借用民间神话传说及名胜古迹，用优质原料制作了"嫦娥奔月"、"银河夜月"、"三潭印月"、"西施醉月"等一批特色月饼，这些月饼用料讲究，质地细腻，饼皮酥香，甜咸适中，一面市便为大家所欢迎。

杏花楼月饼不仅优质其内，还精致其外。1933年，上海著名国画家杭樨英受邀绘制了一幅中秋赏月的图画，还配有"借问月饼谁家好，牧童遥指杏花楼"的诗句。采用硬板纸制成印有"嫦娥奔月"的彩色国画的饼盒，这样质地挺刮的盒装月饼惹人喜爱。从此，"杏花楼月饼"的名声在民间流传得更广更响亮。

到了上世纪40年代，杏花楼的纯正莲芸月饼已风靡上海。由于在沪的广东人以莲芸月饼为上品，当时杏花楼的铲芸名师王开，经不断研制积累了一套规

程严密的铲芸技术，莲味纯正，因此每逢月饼上市，生意十分红火。那时杏花楼旨在树立酒家形象，吸引酒楼生意。其中吃饭送月饼就是一招。因此，凡有钱人的婚宴，满月酒，首选杏花楼。为此，杏花楼一直留有老客人留言簿，根据需求，中秋送饼，端午送粽子，春节送腊味，至此杏花楼特色食品销量虽不大，名气却很响。

新中国成立后，杏花楼月饼经历了一段在计划经济模式下风风雨雨的发展历程。令人欣慰的是：月饼名气越做越大。1950年，当时市烟糖公司推出月饼三统一的规定，即：价格、原料、规格三统一，这样沪上月饼如出一辙，没有特色。为了不失传统特色，杏花楼据理力争，要求维护月饼用料讲究的特有品质，终于得到有关部门认可，并鼓励发扬。

到了1956年，杏花楼创新了上品"五仁果料月饼"，用料实、颗粒清晰，加上山西的汾酒和玫瑰糖，分外喷香，品尝后回味无穷。并根据上海人的喜好，不断提高月饼的质量。这样杏花楼月饼显然与众不同，特色鲜明。

杏花楼月饼，历来有三大特点：一是选料精，含馅重；二是式样新颖，外形漂亮；三是花式品种丰富，适合多种层次消费者的需要。

杏花楼的几代经理人为了月饼的配方、工艺提心吊胆，生怕它外流或遗失。杏花楼品牌的基础，就是它历经70余年不断完善的配方和月饼制作16道工序中独到的工艺。这是杏花楼的知识产权，因此，保护祖传秘方是企业经营者义不容辞的使命。当时，国家高级技师、全国唯一的月饼高级技师陈明信师傅执笔，经过半年多时间整理、收集，一套有70多年历史不断演绎过来的"历年月饼工艺配方"完成。这套配方的完成，凝结了杏花楼月饼品牌的全部精华。厚重的产品历史资料已于1997年7月29日珍藏于银行保险箱内，作为杏花楼的无形资产严密保存。

（文/昕　锐）

"川湘"佐伴百味丰

晚饭是吃面条。飘着小葱香的面条里，加点川湘牛肉辣酱，味道实在鲜美。我不由食指大动，接连吃了两大碗。

都说，四川人不怕辣，湖南人辣不怕。我这个生在南方的广东人从小也爱吃辣，无论什么菜，如果不放点辣，就觉得不入味。比如糟溜鱼片，一般人家是不放辣的，但是我一定要放点辣。唯有放了辣，味蕾才能接受，否则味道再好，在我品来，也是味同嚼蜡。我对辣的嗜好近乎偏颇，无辣不欢，甚至连蛋炒饭也要加点辣椒酱，觉得这样才吃得香。

小时候，家庭条件差。冬天，烧上一大锅白菜，从酱油店"零拷"二分钱的辣椒酱，放进锅内，全家人吃得津津有味，既果腹又驱寒。那时，川湘牛肉辣椒酱由于价格比纯红辣椒酱贵，对我们这些工薪阶层家庭来说，只是在逢年过节的时候，才买一瓶回来解解馋。

彼时，副食品供应非常紧张。这种紧张直接导致人们对许多美好的食物，连想一想的念头都没有。那时我对吃"最大的奢望"是，天天能吃上牛肉辣酱拌米饭。现在想来也挺可笑，人的要求怎么如此低下？现今，牛肉辣酱只是一种佐料，用作吊鲜而已，很少有人将它作为主菜，但我在那时就是这样期盼的。

后来，副食品供应情况有所缓解，人们的经济收入也有所提高。吃川湘牛肉辣酱，对我而言，不再是遥远的期盼，而是日常饮食生活中必不可少的一道菜。

人的嗜好和排他性，有时候可以用"没有道理"四个字来诠释。比如，市面上各种各样的辣椒酱迭出，有的味道确实不错，口碑也很好。但是我独爱川湘牛肉辣酱，这里面既有我童年时候想吃川湘牛肉辣酱而不得的缺憾，又有一种难以改变的思维定势。

我吃川湘牛肉辣酱的样子有点吓人，一碗白米饭可以倒进五分之一瓶的川湘牛肉辣酱，然后搅拌均匀（犹如现在时兴的韩国石锅拌饭），再一勺一勺送进嘴里，不一会儿，就将一大碗川湘牛肉辣酱拌饭消灭殆尽。

最近，在一次饭局上，我有幸遇到一位业内人士。茶足饭饱之后，听他"吐槽"关于川湘的逸事，很是有趣。

他说，上海川湘调料食品有限公司是一家生产和经营川湘风味麻辣食品的专业企业。前身是1929年在沪开业的利川东号、川江土产商店和四川土产公司。1956年公私合营时，三家合并成一家，改名为川湘土产食品商店。以前店后工场的方式经营，自产自销麻辣风味的"川湘调料"。

上海本帮菜，是江南地区汉族传统饮食文化的一个重要流派。所谓本帮，即本地。以浓油赤酱、咸淡适中、原汁原味、醇厚鲜美为特色。常用的烹调方法以红烧、煨、糖为主。后为适应上海人喜食清淡爽口的口味，菜肴渐由原来的重油重酱趋向清淡爽口。本帮菜烹调方法上善于用糖，别具江南风味。受此影响，上海当时吃辣的人乏善可陈。

相传，北伐战争期间，北伐军中有许多四川人、湖南人。北伐军进入上海后，川、湘籍人留在上海的渐渐增多。早在1920年6月，"川湘"的创始人之一，重庆籍人士严允梁先生便在上海广西北路222号开设"利川东号"。主营酒、酱和四川土产食品，以满足吃辣人士的需要。

抗日战争胜利后，重庆的接收人士携带家眷、随从，纷纷来沪，使得川菜馆在上海雨后春笋般林立起来，并带来人们对川、湘调味品的热切追求。1941年，颇有商业头脑的四川籍商人、"川湘"调料传人温树清先生抓住这一契机，和同乡文孝思先生合伙在上海宁海西路88号开办"川江"土产商店。第二年，温先生见"川江"生意红红火火，在上海南市区天灯弄83号开设"川江"土产工场，生产川湘麻辣制品。

"川湘调料"创始面市，即以色艳、味鲜、辣重、馨香等特色享誉沪上。

1945年，温树清先生在四川合江的妻子抵沪，为让生意进一步扩展，温先生又在云南中路162号开设第二家"川江"土产商店，由其妻子陶佩珍出任经理。

"川江"土产工场负责为这两家土产商店提供货源。当时，"川江"土产工场主要经营的品种有：按传统方法自制的川帮特产，以泡菜、辣酱、豆豉、腊肉等品种开拓销路。在注重原料进货、精工细作、形成经营特色后，又不断制出新品种。其中花色辣酱、粉蒸辣椒、金钩豆瓣、糟辣椒等，在当时国内市场均属首创，品种迅速增加到六十多种，川湘麻辣制品从此扬名沪上。

同时，"川江"产品还供应于上海各大"川帮"饭店，作为川菜调料。如：锦江饭店、梅龙镇酒家、和平饭店、四川饭店、东亚饭店、洁尔精川菜馆、四川味饭店等。还为上海梅林罐头厂、泰康食品厂、益民食品厂提供生产罐头食品用的辣酱原料，成为当时上海调味品行业生产川菜调料的龙头企业。

1956年公私合营时，"川江"土产商店和"利川东"商店以及1947年戴锡之先生在浙江中路112号开设的"四川土产公司"三家合并建成"川江"土产商店。由于当时"川江"在生产、销售的经营规模上均处于龙头地位，故定名为"川江"。

正式挂牌前夕，大家再一次对招牌进行最后的确认。时值新中国成立不久，祖国大地处处传唱着"没有共产党就没有新中国"。翻身做主的中国人民，对共产党、毛主席无比热爱。讨论中，"利川东"的杨宏扩先生提出建议：毛主席是湖南人，喜欢吃辣。四川人、湖南人都喜欢吃辣，是不是把"川江"的招牌改为"川湘"更为合适？杨宏扩先生的建议得到了温树清夫妇和在场者的一致赞同，最后大家确定把招牌改名为"川湘"。

1955年，川湘土产商店在西藏中路144号经营。从此"川湘"如虎添翼，"川湘"商店门口排队购买"川湘"辣酱的人群络绎不绝，成为当时上海市场的一道风景线。"川湘"自产自销的麻辣风味调料风靡上海。

"川湘"产品的特色在于：一是选料严格，如辣椒的质量必须达到"型尖，肉厚，色红，味辣"的要求；二是工艺独特，生产过程由"腌、泡、拌、晒、籴、炒、烧、焖"等多道工序组成，产品质量上乘，具有独特风味。"川湘"因此被广大上海市民誉为"调味王国、麻辣世界"。1975年因销售量大增，产品供不应求，"川湘"将厂房在原川湘土产工场的基础上扩建为四层建筑的川湘土产食品厂，把商店改名为工厂门市部。

1993年，"川湘"被原国内贸易部首批命名为"中华老字号"名特企业。1994年，更名为上海川湘调料食品有限公司。1997年，公司自筹资金在上海浦东新区康桥工业区建造了占地面积达十六亩和具有现代化流水线的新生产厂。2006年，上海天盛酒业入驻"川湘"，完成了"川湘"的经济体制改革，建立上海川湘调料食品有限公司，为企业的进一步发展注入了活力。

自古高手在民间。中国不乏麻辣食品制作高手，如果将这些高手聚集在一起，博取各家之长，融会贯通，创出有特色的川湘调料，于国于民于企，都是一件善莫大焉的好事。然而，要将这些高手招募到麾下，又是一项何等艰难的事情。且不说，高手都有个性，桀骜不驯，仅仅要让这些高手放下门户之见走到一起，就是一件难事。曾经有不少制辣企业想这么做，却囿于种种原因，未能如愿。令人惊诧的是，川湘调料企业做到了。

他们云集了一大批专制麻辣食品的高手，对之予以宽松的发展空间。这些高手心情舒畅，充分发挥聪明才智，创造性地致力于生产和经营具有四川、湖南特色的调料食品。根据市场发展潮流，不断改进口味，增加品种，使产品日臻完美。目前，川湘的经营规模已由原来一年几万元的销售额，发展到目前一年数千万元的销售额，成为上海调味料市场的重要品牌。

这位业内人士，如数家珍地给我"科普"了川湘调料波澜壮阔的发展历程，其中不乏动人细节。这使我不由突发奇想：如果哪位有识之士用文学的手法将此予以演绎，通过影视的形式播放出来，必定又是一部中国民族工业发展的壮丽史诗，其精彩肯定不亚于热剧《那年花开月正圆》。

（文／遄　香）

岁月流金"凯司令"

　　凯司令，是上世纪30年代静安寺路上唯一由中国人经营的西菜馆。张爱玲在《色•戒》中说，凯司令"是天津起士林的一号西崽出来开的"。

　　其实，凯司令与天津的起士林（Kiessling）并没有关系，是张爱玲的误解。

　　抗战胜利后，张爱玲居住的静安区卡尔登公寓，离"凯司令"不远，她是那里的常客。所以，在小说中，她常提到"凯司令咖啡馆"。

　　"凯司令"原为两个门面，上下两层，一个门面做门市，一个门面做快餐式的堂吃生意，正如《色•戒》中所写，"只装着寥寥几个卡位"，楼上情调要好一点，"装有柚木护壁板，但小小的，没几张座"。《色•戒》中王佳芝和易先生约见的那家"虽然阴暗，情调毫无"的咖啡馆，就是"凯司令"。

　　小说中，王佳芝和易先生上了车，开出一段后转弯折回，又经过"刚才那家凯司令咖啡馆"，是点了名的咖啡馆。凯司令的栗子蛋糕、芝士鸡丝面及自制的曲奇饼干，是其镇店之宝。当年，这里也是电影演员、作家等文艺圈中人常光顾的场所。

　　"凯司令"店名的上海话连读，又像是洋文发音，正切合经营西餐西点的内涵，可谓别具一格。

　　为何起名"凯司令"，这里还有两种说法。

　　其一，是民国时期有一个下野军阀倾力帮助发起者租下了门面，取该店名有感谢司令相助之意。因为当年静安寺路上沿街门面不是出了钱就可以租下来的，这些公寓的大房东十分势利，要考察你开的是什么店铺，档次与静安寺路是否吻合。有些公寓的住户就是楼下店铺的老板，还有不少是医师、律师的诊所或办公室。店铺老板很多都是洋人,他们的服务对象自然也是上海滩的上层人士,因此排斥上海伙计出身的厨师,不肯租给他们。幸亏这个将军以他的名义帮他们拿下门面,本欲以该将军名字命名,但他坚决不允,便起名"凯司令"以致感谢。

其二,是当时正值"北伐军"凯旋,国人爱国热情空前高涨,取名凯司令有纪念此事之意。当然,其中也包含了希望在商场上成为"常胜将军",表达了欲与洋人一试高下,角逐、争雄西餐业的信心与勇气。

就像中餐分菜系一样,西点也有派别之分。而在丰富的西点派别中,"德式"以精细著称,以蛋糕为主,凯司令一直走的就是"德式路线"。门店开张后的第四个年头,为了在被洋人垄断的西点界立足,"凯司令"的老板从德国人开的飞达西餐馆请来了西点大师凌庆祥父子,自此确立了蛋糕特色。彼时的南京西路,尤其茂名北路至西康路一段,鳞次栉比开着十多家西餐和咖啡馆,除了凯司令,还有皇家、DDS、丽娜、康生、泰利、飞达等等。其中飞达是凯司令的直接竞争对手。凌氏父子跳槽后,飞达的德国老板耿耿于怀,把天津起士林西餐馆的老乡请到上海,状告"凯司令"仿冒他们的招牌,结果"凯司令"胜诉。

凌庆祥加盟凯司令,不仅带上了他的"左右手"——长子凌鹤鸣、次子凌一鸣,还带上了他的"中国梦"——他想在十里洋场唯一的由中国人开设的西餐馆一展身手,打破洋人垄断上海西餐业的局面。

凌庆祥功底之深厚,西餐业中无出其右;长子凌鹤鸣能精工制作各类蛋糕模具和玲珑剔透的各式花篮;次子凌一鸣的裱花技艺"巧夺天工",制作各种花卉、动物皆栩栩如生。

凌氏父子对当时的蛋糕制作技艺进行了大胆创新,原来洋厨师的配方都是采用"杯"、"匙"等参照,产品质量不够稳定。试制过程中,凌氏父子对用料用量、操作过程注意事项等做好记录,整理成规范的配方单,从而保证了每只蛋糕大小、口味一致。原来洋厨师制作蛋糕主要靠进口的饰物装饰,花色比较单一,而太平洋战争爆发后,因运输中断,进口饰物更是面临断档,制作结婚蛋糕的少数几家外国饭店几乎停止了供应。在凌氏父子眼中,洋蛋

糕要想在中国发展，一定要有民族特色，适应国人需求。通过对原有花色造型的改良创新，他们创作出了符合国人审美观念的、具有中华民族喜庆特色的饰物模具，自制了许多精细的裱花嘴，使得蛋糕的"装裱"更为丰富、更具个性。

凌一鸣文化水平较高，脑子灵活，具有一定的美术基础，他对蛋糕的造型进行了大胆创意，把传统的圆形蛋糕改做成书本等多种形状，尤其注重对蛋糕裱花技艺的创新，首创立体裱字技艺，采用具有"中国风"的"寿星祝寿图"、"王母献寿图"、"松鹤延年"、"龙凤呈祥"、"花篮图"、"生肖图"等吉祥图案，配以寿桃及各种花卉制作，用于各类喜庆蛋糕。饰物形态逼真，呼之欲出；而他的一手漂亮的英文字在蛋糕上飘逸潇洒，更是令人赞叹。

在没有低筋面粉的年代，凯司令自"研"妙招：将玉米淀粉掺入面粉，降低面粉筋度，从而使蛋糕坯酥松细腻；再用多层夹料，使蛋糕更趋绵糯，香软可口。并在此基础上，开发了栗子蛋糕，将刚上市的栗子煮熟，去壳剥肉，将栗子果实磨成泥，再用裱花头子挤到蛋糕饼坯子上，状如淡棕色游龙，与奶油相映成趣。不是于奶油上堆砌栗蓉，而是于实实在在的栗蓉外面裱上厚厚的奶油，模样虽然简单，味道却扎实绵长。

新中国成立以后，外国人开的时尚咖啡店"并的并"、"关的关"，凯司令成了上海资格最老的咖啡西餐厅之一，也是上海老克勒乐于扎堆的去处之一。上世纪末叶，是凯司令的鼎盛期，在时人心中，它是"品位"与"浪漫"的代名词，是身份的象征。对于一般人家的孩子来说，能到凯司令坐一坐或买个点心，算是"超前消费"的美好时光。逢年过节，凯司令则成为不少上海人家买蛋糕的首选。

进入新世纪，凯司令总店改头换面。相较于原先古色古香的"凯司令"

餐馆，长方桌替代了圆桌，桌布和餐布巾上印着大大的"K"字花纹，封闭式木质结构变成了大玻璃落地窗。而从缓缓转动的金色吊扇，样式复古的吊灯、餐桌上，尚能觅得几分老上海的味道。对于有着怀旧情结的人士而言，这里倒是一个不错的休憩地。

　　"吃蛋糕到凯司令"，这句话曾是很多沪上吃客的口头禅。此言不虚——凯司令蛋糕以其糕坯松软，肥糯细腻，甜度适中，花纹精致，在沪上西餐界异军突起。不少吃过凯司令蛋糕的人，都忘不了那第一口的味道，并且在后来的岁月里执着于斯。

　　在凯司令，最出名的当数白脱蛋糕。白脱是英文butter的音译，也就是奶油——准确说来，是乳脂含量在八成以上的纯天然奶油。人造奶油吃到嘴里有点嚼蜡的感觉，而纯天然奶油入口即化。然而，凯司令的奶油是特别的：

　　从1928年到现在，它始终采用乳脂含量在八成以上的新西兰纯天然奶油，连供应商都没有换过。为什么？

　　凯司令蛋糕制作技艺传承人杨雷雷道出个中缘由：不同产地的纯天然奶油各有特点，美国奶油颜色偏白，香醇度稍差；澳大利亚奶油膻味相对重些；而奶香醇正的新西兰奶油最合上海人口味。吃客们津津乐道的三层夹心工艺，也是为了让蛋糕更加软糯而开发出来的。这样的严格传承，造就了老顾客们在口味上的精明与执着——是不是凯司令的蛋糕，吃一口就知道。

　　除了奶油蛋糕等经典产品外，凯司令还有白脱核桃酥、梅花饼干等一大批传统特色产品，有的因为工艺复杂久未生产而濒临失传，有的因为没有好的包装而销售平平，有的因为没有好的宣传而鲜为人知……遗憾确实有，但喜悦也不少。在传承与创新的道路上，凯司令锲而不舍，为吃客的味蕾创造着幸福，层层叠叠，绵绵长长……

（文/凯斯零）

一盒有故事的"酥"

泛着香槟色泽的糖丝，蚕衣般绵密有致地包裹着内里的花生粉和碎果仁。从方盒中，轻轻取出"一枚"，映着阳光看去，那丝丝缕缕更显璀璨。此刻，盒中之物仿佛超越了食品本身，胜似艺术品：一枚枚呈流线型，整齐又不失个性，有着手工制作的自然痕迹……航班临近，张静小心地关上盒盖，看了一眼包装上的名字——一合酥，微笑着走向登机口。

她是个"小飞侠"，经常在世界各地行走。这次来上海虽是短暂停留，却感受到了申城友人无上的热情。一位朋友知道她是个"三国迷"，专程跑到南京路上的"邵万生"，为她挑选了"一合酥"。

飞机在云端穿越。张静忍不住从包里取出方盒，再次启开，食指大动起来。糖丝甜脆，入口即化，融合着粉仁的细腻，香气一重一重，在舌尖绽放。她一手捻着酥往嘴里送，一手五指合拢掌心朝上，置于下巴处，盛接掉落的碎屑。一枚吃完，再将碎屑"扫净"，一股满足感油然而生。回味之余，手又不自禁地伸向方盒……好吃！她在朋友圈发了条"吃货感言"，对那位上海朋友更是"赞不绝口，感激涕零"。

受父亲影响，张静小学时就爱读《三国演义》，那时她最大的梦想便是，当个"女诸葛"！一本"祖上传下"的八分钱的书，被翻了一遍又一遍，书卷角了，毛边了，她仍旧爱不释手。书中关于"一合酥"的桥段，她至今记得清晰：

又一日，塞北送酥一盒至。操自写"一合酥"三字于盒上，置之案头。修入见之，竟取匙与众分食讫。操问其故。修答曰："盒上明书'一人一口酥'，岂敢违丞相之命乎？"操虽喜笑，而心恶之。

杨修自恃聪明，实在自掘坟墓。曹操面无愠色，却已磨刀霍霍。尽管"一合酥"是剧情发展的一个道具，但能够被载入这流芳百世的"四大名著"之中，绝对不可小觑。儿时，每每读到这一段，张静就"脑补"画面：一人，一马，一锦盒，由塞北千里迢迢而来。快马加鞭，呈递佳酥，置于曹操案几。酥味绝美，获君王题名，跻身贡品之列。这幸运的"酥"，究竟长什么模样，美味几何？这些问题曾环绕着张静，陪她度过了年少时光。

如今，眼前的这一味，与曹孟德所书一字不差，外有妙型，内具美味。如果说，这就是三国时期那幸运的"酥"，张静觉得，一点也不违和。儿时的疑窦，似乎有了答案。

张静的味觉很灵，可能与她走南闯北、见多识广有关。走得远了，看得多了，吃得杂了，能给美食的属性"圈圈画画"了。这款印着"佳帅"品牌的"一合酥"，在邵万生、三阳、泰康等"老字号"食品商店十分畅销。很多柜面还辟有制作间，现做现售，引人伫足。而这门手艺，确如张静所感，是有故事的，来自宫廷望门，古老而珍贵。

在上海之根——松江，有一处幽静的花园。园子不大，意韵倒有几分：亭台水榭，小丘绿植，曲径通幽，相映成趣。园子的主人刘堂志，就是佳帅食品公司掌舵人，"一合酥"制作技艺传承人。他喜欢在园子的茶屋，邀三五好友品茗小憩。慢饮一壶茶，闲食一合酥，抬眼见绿意，侧耳闻鸟语。刘堂志常说，一合酥，取名自《三国演义》之"塞北送酥"，寓意人与人之间的美好情谊。因而，赴朋友宴席、家人聚会，他都会带上一两盒新鲜制作的"一合酥"。

距离园子不远的生产车间，是清一色的年轻技工。熬糖、翻砂、制型……像魔术师一样，翻手覆手之间，一枚枚精巧的"酥"便诞生。这些年轻人都是刘堂志的徒弟，他们干的是手工活，一项与"温度"争分夺秒的活。做酥的糖衣，最佳状态只有几秒钟，由温度决定。温度过高，糖偏粘稠，无法定型；温度过低，糖偏脆硬，一拗即断。小何是一众职工中，做得较为出色的。但在刘堂志这位严师眼里，还有上升空间。刘堂志记得师父曾说，以技谋生不容易，要勤学苦练，以至熟能生巧！

时光倒回到数十年前，当时还是少年郎的刘堂志遭遇了一场劫难，背井离乡从安徽来到北京。走投无路时，一位孤寡老人向他伸出援手。在与老人相依为命的岁月里，刘堂志逐渐学会独立和担当。老人告诉他，自己原是大户人家子弟，祖上几代都在清宫作御厨，因家道中落，落魄至此。同是天涯沦落人，两人很是"惺惺相惜"。

一个阳光明媚的日子，刘堂志拿着辛苦赚来的工资和老人商量，买点东西庆祝一下。老人笑而不语，给他列了一张"购物单"：白砂糖，黄豆粉，白面粉。东西购置一新，刘堂志却猜不透老人的心思。只见灶台前，老人把糖倒入锅中，开火熬糖；将面粉加热翻炒；再将糖拉丝，包裹面粉，捏合收口……一步一步，手法娴熟，就像大隐于市的能人回到了舞台，周身散发着光彩，尽管穿的是粗布麻衣，用的是简灶陋台。

当老人把这糖粉交融的食物送进刘堂志口中时，刘堂志觉得整个人都要"融化"了——世上怎会有这么好吃的东西！老人告诉他，这是一种酥，祖传的做法，以前只做给宫廷里王公贵族吃。当时的这份"香甜酥脆"，不仅住进了刘堂志的味蕾，还住进了他的心田。他拜老人为师，专研起这门源自宫廷的美食手艺。

上世纪90年代，刘堂志辗转多地，北京、天津、安徽……无论到哪儿，"艺"不离手。他开过作坊，办过公司，积攒了很多好口碑。老人所授宫廷酥也有了好听的名字"一合酥"。刘堂志的制酥技艺越发精湛，当年京郊小茅屋里的"依葫芦画瓢"，早已成长为"胸有成竹"、"指有境界"。94版《三国演义》电视剧一度红遍大江南北，第55集《塞北送酥》里所用之酥，就是刘堂志亲手制作。当时，编导四处寻找民间制酥高手，要尽可能还原著作，费了很大精力才发现刘堂志，启用之后十分满意。随着剧集的热播，刘堂志的"一合酥"一度卖到脱销，成为当时天津一带的"网红"。

时间的轨道进入21世纪，刘堂志把目光瞄准国际大都市——上海。城隍庙是他梦想起飞的地方。他向五香豆商店借了一个小角落，摆放"一合酥"。身上没有太多本金，他拍胸脯向店家保证，"我借你宝地，必还你客流，三日内见效"。店家将信将疑。次日，店门前，一位妙龄女子亭亭玉立，身披锦带，面露微笑，招徕游客试吃"一合酥"。很多人抱着"尝尝看"的态度而来，大都尝了就停不下嘴，询问"哪儿有售"。于是乎，顾客盈门，门庭若市。不仅"一合酥"销得好，商店整体生意都被拉动了起来。果然如刘堂志所言，三日内便出现人气爆棚、扎堆试吃、争相抢购的"盛况"。有了立足申城的底气，他逐步将"一合酥"带进了人潮如织的南京路，在邵万生等老字号店铺占得一席之地；进入麦德龙、家乐福、卜蜂莲花、乐购等大型商超，走进了寻常百姓的购物袋。

多年来，相比同类产品，"一合酥"价格始终略高。有人建议刘堂志"降降价，薄利多销"。其实，在他心里，有一笔"良心账"：原料上必须讲究，要用就用新鲜优质的腰果、花生，宁可成本高一点，也要品质胜一筹。为此，刘堂志在原料的甄选上亲历亲为，严筛优选；对消费者进行有针对性的调研，把握时人喜爱的口味；积极研发新品，比如结合"龙须糖"与"一合酥"创新了吃口细腻的"龙须酥"……事实胜于雄辩。这饱含古人智慧与今人创意的"一合酥"，的确没有辜负"吃货"的心。

晨曦微露，在美国的一座海滨城市，张静已经倒好时差。海风拂面，清新沁脾。她和来自新西兰的室友雪莉，就着牛奶，细细品味这来自大洋彼岸、古老国度的"一合酥"。"嗯，中-华-美-食-赞！"雪莉用不太流利的中文表达着喜悦。话语间，腮帮一鼓一鼓的，不忘咀嚼美味。这美好光景，映入了张静的笑眸。

彼时彼刻，上海渐入夜，刘堂志和他的团队刚刚收工。脱下手套，摸着指腹硬硬的茧子，看着满载酥品的车子驶离工厂，向各个销售点进发，成就感顿生。一合酥，承接古今，横贯东西，在人与人之间，把故事铭记，把情谊传递。

（文/苏　城）

寻根万里到"西区"

雨后初晴，碧空如洗。初夏的阳光，不浓不淡，不温不火，最适合郊游。

行走在路上，满目葱茏，馨香袅绕。似乎，那些绿意间全是浮动的暗香。偶尔，一阵风吹过，鼻尖满是香气。于是，迎着风，放慢脚步，一任思绪畅游。

我陪着老刘沿着华山路，寻寻觅觅。

老刘是我的发小，小学毕业后随父母定居加拿大，一去50年，此次陪孙女来省亲。到上海的第二天，他执意要我陪着去华山路寻找当年的居所，尝尝儿时最爱吃的西区老大房的萨其玛，寻找年少的印迹。

萨其玛，是满语的音译。此词最早见于清朝乾隆年间傅桓等编的《御制增订清文鉴》。萨其玛的前身，是一种满族的传统饽饽——搓条饽饽。制作方法是，把蒸熟的米饭放在打糕石上，用锤反复打成米团，蘸黄豆面搓拉成条状，油炸后切块，洒上一层较厚的熟黄豆面即成。搓条饽饽是当时满族比较重要的贡品，所以也称"打糕穆丹条子"。后来用白糖代替了熟豆面，成了"糖缠"，更名为萨其玛，汉名叫"金丝糕"，又叫"芙蓉糕"。

王世襄先生在《饽饽铺与萨其马》一文中曾说，"据元白尊兄（启功教授）见教：《清文鉴》有此名物，释为'狗奶子糖蘸'。萨其马用鸡蛋、油脂和面，细切后油炸，再用饴糖、蜂蜜搅拌沁透，故曰'糖蘸'。唯于狗奶子则殊费解。如果真是狗奶，需养多少条狗才够用。原来东北有一种野生浆果，以形似狗奶子得名，最初即用它作萨其马的果料。入关以后，逐渐被葡萄干、山楂糕、青梅、瓜子仁等所取代，而狗奶子也鲜为人知了"。

上世纪60年代，始建于清咸丰元年的西区老大房，坐落在老刘家附近，当时他还是年幼的毛头小子。那时，他的祖母年届七十，牙口不好，偏又爱吃零食，萨其玛酥软，甜度适中，正合口味。于是，隔三差五便会来上一句："小六子，去老大房买半斤萨其玛，一定要现场制作的，新鲜。"老刘便屁颠屁颠地跑到西区老大房，看着店堂师傅当场制作，然后称上半斤。在回家的路上先偷偷吃上一块，再照原样包好。

老刘的祖母眼花，心思却缜密，一见包装，就笑了：小六子，你像我小时候一样也爱偷吃。祖母说，她爱吃西区老大房的萨其玛，还是得其母亲遗传。她母亲也是西区老大房的常客，萨其玛更是夜宵的不二选择。祖母小时候帮她母亲去买萨其玛时，她也常常在路上偷吃一块，解解馋。

老刘的祖母出身望族，肚子里墨水不少，各种典故脱口而出。时过50多年，老刘还清楚地记得，祖母讲过的萨其玛来历：清朝在广州任职的一位满族将军，姓萨，喜爱骑马打猎，而且每次打猎后都一定要吃点心，还不能重复！有一次，萨将军出门打猎前，特别吩咐厨师要"来点新鲜的玩意儿"，若是不能令他满意，就可准备回乡了！负责点心的厨师一听，万分紧张，一个失神就将沾上蛋液的点心炸碎了！厨师情急之下，将碎碎的面皮拌入糖，糅合起来，一边做一边想"完了！"偏偏这时将军又催着要点心，厨师一火大骂了一句："杀那个骑马的！"才慌慌忙忙地端着点心出来。想不到，萨将军吃了后相当满意，问起这道点心的名字，厨师惊魂未定。随即回了句"萨其玛"，结果将军听成了"萨骑马"，想说自己姓萨又爱骑马，倒也挺妙的，还连声称赞，萨其玛因而得名。

在老刘的记忆里，西区老大房师傅制作萨其玛的原料要用到：鸡蛋花、蜂蜜、生油、白砂糖、金糕、饴糖、葡萄干、青梅、瓜仁、精面粉、干面、芝麻仁、桂花等。

那时的小孩，没有现在那么多可供玩耍的地方，老刘有事没事总爱混在西区老大房的店堂里，"叔叔伯伯"叫得几个营业员乐得笑弯了眼。作为奖励，营业员们随手不是扔过去一颗糖，就是萨其玛的边角料。50多年过去了，尽管，加拿大的糕点很多，味道也很诱人。但在老刘的味蕾里，最迷恋、最牵挂的，还是那曾经给他少年时代带来无穷欢乐的萨其玛。

……

初夏的雨，总是来得猝不及防。我们撑着雨伞，静默在雨中，听着雨声滴答。雨后，潮湿的气息裹着栀子花香席卷而来。"祖母随我们远涉加拿大后，不知为何常常会下意识地冒出一句：'小六子，去老大房买半斤萨其玛。'尤其年事越高，这类话出现的频率越高。老刘知道这是祖母想家了，她要落叶归根。"

老刘深知，无论是李白的"举头望明月，低头思故乡"，还是白居易的"望阙云遮眼，思乡雨滴心"，还是高适的"故乡今夜思千里，鬓愁明朝又一年"，都是借月借雨借鬓把无形的"乡愁"有形化，让人别有一番滋味在心头。余光中把乡愁化作一枚小小的邮票。席慕容把乡愁比拟为一棵没有年轮的树……老刘的祖母把西区老大房的萨其玛，作为乡愁的代名词，在一个个似曾相识的梦境里，几回回回故乡。然而最终，祖母带着遗憾和思念中的萨其玛，客死他乡。

一场透雨后，轻风拂面，空气中满溢着清凉的气息。岁月更迭，物是人非。华山路上老刘低矮的旧居已被高楼替代，昔日的西区老大房更是不见踪影。

资料显示，随着上海城市旧区改造，西区老大房搬离了华山路，告别了长达近一个世纪的前店后场传统营业模式，在松江九亭建立了现代化的食品生产工业厂区，并注册成立上海西区老大房食品工业有限公司。

如今的西区老大房鸟枪换炮，不仅具有"行业一流、国内领先"的先进机械设备和物流能力，而且具有完备的安全卫生操作监控装置和规范的食品生产设施，以及扎实的产品研发能力、完整的品控系统。年生产能力

更是惊人，可达2000吨，品种众多，是上海食品行业不可或缺的企业之一。"变了，变了，一切全变了。"老刘喃喃道，为西区老大房的"老树绽新枝"兴奋不已。

在新闸路的西区老大房门店，老刘见到了令他魂牵梦萦的萨其玛。他接过营业员递来的松仁萨其玛，端详着，抚摸着。轻轻嚼上一口，倏地，一颗浑浊厚重的泪珠，在他沟壑沧桑的脸庞"踌躇"，几番游移后，轰然砸向地面，久违的情愫涌上心头。还是那味，还是那情，只是口感更为柔和、清香、甘甜。

营业员笑着说：大叔，你品尝的松仁萨其玛，是西区老大房研制的又一代萨其玛新品。用新鲜鸡蛋黄替代蛋液，采用不添加任何水分搅拌萨其玛原料的制作工艺，品质和口感都有很大的提升。

"醒发后面团的开面与切割，由原先的人工操作改为机械制作；松仁、萨其玛坯子、糖浆的搅拌，是在恒温冷却间进行的；松仁与糖浆的配方，经过了反复配制。作为上海特色旅游食品的萨其玛，为增强口感，在成型时，再次添加松仁。"

新锦江旋转餐厅，我们倚栏眺望，天空很高，风很清，青云空伫。时光悄然改变着世界，改变不了的是游子与故乡的情感，不但没有断裂、没有萎缩，反而在亲情的润泽中韧而弥坚。犹如萨其玛，经过一个多世纪的浸淫，不仅没有消亡，而且在一代又一代的传承中，重铸辉煌。

老刘说，他回加拿大时，一定要带几盒松仁萨其玛，到祖母的坟上，让她"尝尝"。告诉她，西区老大房的新貌和萨其玛的新口味、新品种。

人始终走不出情感的围城，就好比萨其玛走不出老刘家的视线。我们追寻着松仁萨其玛的足迹，沿着记忆的思绪，走在铺满故事的纯味里……

（文/福　华）

时光演绎"梨膏糖"

"卖梨膏糖咧……"这熟悉的叫卖声停留在很多上海人的记忆中。老城隍庙的梨膏糖，是糖，也是深受申城市民喜欢的止咳糖。

在城隍庙，你不但可以买到好吃的梨膏糖，还可以品尝到从梨膏糖演绎而来的梨膏草本饮品——梨膏露。

梨膏露的瓶身印有庙顶上的螭吻、库尔勒香梨、庙门前的石狮子等一系列老城隍庙代表元素，是老城隍庙文化的一个缩影。而"露"寓意"精华、珍贵"，直观地与普通梨汁饮品形成区分，给人带来全新的口感体验。别小看这一瓶听装饮料，藏着不少好东西哪！香橼、甘草、橘红、桔梗、金银花、桑叶、茯苓……当然还有必不可缺的梨汁。

梨膏糖是上海老城隍庙的传统土特产。探究起源，可追溯到唐朝。相传唐初名相魏征，侍母甚孝。因母经常咳嗽气喘，故朝中常派太医给魏母诊治，却不见疗效。开草药煎服，其母嫌味苦不肯服用，病情越发严重。视此情形，魏征焦虑万分。一日，家人从集市买来不少梨子，魏母素喜吃梨。略懂医道的魏征，思忖何不用梨汁加糖配上药物，让母亲服之。于是，取梨，以杏仁、川贝、茯苓、橘红等掺之，熬成膏状药用。果然，口味甚好，异香扑鼻，魏母乐于服用。不久，咳嗽痊愈。消息传开，朝廷内外有患咳嗽者都向魏征求教良方。魏征也乐于施人，将处方和熬制方法相授。此后，达官贵人和黎民百姓竞相炮制，此方广为流传，逐渐发展成为今日的老城隍庙梨膏糖。

梨膏糖有本帮（上海）、苏帮、杭帮、扬帮之分，而老城隍庙的梨膏糖均为本帮。清咸丰五年（1855年），首家梨膏糖商店设在老城隍庙的庙前大门石狮子旁，店号"朱品斋"。清光绪八年（1882年），老城隍庙西首晴雪坊旁边开设了以"永生堂"为店号的梨膏糖商店。清光绪三十年（1904

年），老城隍庙北面又开设了一家"德甡堂"，专制专售梨膏糖。各家自产自销的梨膏糖能止咳化痰，价廉物美，逐渐成为大众热捧的老城隍庙土特产品。激烈的竞争，推动了各帮梨膏糖业的迅速发展，梨膏糖的制作也因此达到炉火纯青的地步。当时，"朱品斋"嫡传朱兹兴先生，为在竞争中独占鳌头，从迎合上流社会需求考虑，推出高级梨膏糖食品，除投入含有止咳化痰药料外，再添入人参、鹿茸、刺五茄、玉桂、五味子等贵重补品，颇受各界名人雅士青睐。根据顾客的不同需要，朱还代客配制，每剂以25市斤为一料，专为公馆服务，电话联系，送货上门，使梨膏糖成为集馈赠、休闲、药用于一体的高档食品。

老城隍庙梨膏糖在经营上还有文卖和武卖之分。以"文卖"为主的是"永生堂"的张银奎父子，以现做现卖的方式，当场撮料，当场配制，绝无虚假，边撮药料边唱曲，以此吸引顾客："一包冰雪调梨膏，二用药味重香料，三（山）楂麦芽能消食，四君子能打小囝痨，五味子玉桂都用到，六加人参三积草，七星炉内炭火旺，八面生风煎梨膏，九制玫瑰香味重，十全大补有功效。"曲子一起，购者如潮，乃称江南一绝。开设在庙西的"永生堂"，虽然经营地段一般，但以这种手段经销，竟比"朱品斋"还要兴旺。

以"武卖"为代表的是"德甡堂"，是专用说唱手法进行推销。边上放一副四脚架，上置一只小木箱，内装梨膏糖，盖上有一根说书先生用的"醒木"，在长凳上说说唱唱："小小梨膏药性浓，孔明用计借东风，张飞喝坍霸陵桥，百万军中赵子龙……"、"小锣一敲咚咚响，我来卖脱几块梨膏糖，这位老伯伯（指观众）吃了我的梨膏糖，返老还童身健康。老伯伯勿吃我梨膏糖，嘴上两根胡须全被老鼠咬精光。"他们用这种幽默诙谐的唱词，以小京锣伴奏来逗笑，而且见什么人唱什么词，真可谓是一种标准的武卖"锣帮"。

1949年以后，人民政府在公私合营高潮时，把"朱品斋"、"永生堂"、"德甡堂"组织起来，合并扩建为现在的上海梨膏糖食品厂，源源不断地把生产的各色梨膏糖通过老城隍庙内各家名特商店与市内外销售商进行销售，以满足不同消费层次的需求。由于在传统工艺的基础上，引进了先进工艺，不但开发出不少新品，而且使梨膏糖产品的质量更加可靠。

熬制中药有讲究，火候大了不行，小了也不行，火候、时间等等，都得拿捏得恰到好处，其中奥秘非一般人所能掌握。熬制梨膏糖是一门易学难精的活：学会熬糖，只需两三个月；要窥得其中门道，需要"数年功"。一小块梨膏糖制作需要十多道工序，包括配料、熬糖、翻砂、浇糖、平糖、划糖、划边、刷糖、翻糖、掰糖、包装等。其中，最有技术含量的是熬糖，直接决定着梨膏糖质量的好坏。

熬制梨膏糖，都是使用紫铜锅，祖传的规矩，延续至今。当紫铜锅内水温加热至120℃左右时，倒入一大包白砂糖；熬制白砂糖时，锅内水温一般保持在130℃左右。不一会儿，一大包白砂糖就全部融化。这时，开始用竹爿在锅内不停地搅拌。水温达到130℃左右，白砂糖就会变得极为"调皮"，稍不留神就会糊锅底。所以，熬制白砂糖时，师傅要不停地搅拌……手工熬糖，师傅全靠经验掌控火候。熬糖不仅考验师傅的功力，更是一个力气活。即便是数九寒天，熬糖车间的师傅们站在热锅旁劳作，也是汗流浃背的……

白砂糖熬好，加入药汁，继续搅拌，一直到锅内出现"返沙"，梨膏糖才算熬好。熬制梨膏糖时，师傅们习惯用眼看、用手触碰，糖浆的气泡、飘出的蒸汽里有很多学问：紫铜锅里温度低时，气泡较大、较少，而从锅里飘出的蒸汽多；梨膏糖快熬好时，糖浆气泡小而密。

如今，老城隍庙梨膏糖分品尝型和药物型两类。品尝型梨膏糖，又称花色梨膏糖。有薄荷、香兰、虾米、胡桃、金桔、肉松、杏仁、百果、火腿、花生、松仁、玫瑰、桂花、豆沙等20多个品种，采用中草药与纯天然原料，精心加工而成。产品甘而不腻，甜中带香，香中带鲜，含在口中，回味无穷。如今，休闲品尝型的梨膏糖已占梨膏糖销售的70%。

药物型梨膏糖，又称疗效型梨膏糖。有琼浆状的药梨膏，还有便于携带的各种口味的止咳梨膏糖、百草梨膏糖、开胃梨膏糖等。药梨膏就是将梨膏糖变成"膏"，由梨汁、十多味药材及白砂糖文火熬制。味香甘甜、清润适口。经专家定量分析，确认有止咳化痰、润喉消肺之功效，对治疗咳嗽、气管炎、哮喘等疾病有独到之处。

记得小时候，我们去城隍庙游玩，梨膏糖商店是必去之地。花上5分钱，买上一块一寸见方的咖啡色梨膏糖，咬上一口，含在嘴里，甜甜的，有股药香，很是惬意。尤其是当年已经90岁的外婆，极为信奉城隍庙的梨膏糖，有点伤风咳嗽，总是要我们去城隍庙给她买上几块。说来奇怪，她只要一吃梨膏糖，咳嗽的症状就立马消失。

不过那时候已经没有"文卖"、"武卖"了，在宽敞明净的店堂里，梨膏糖静静地"卧"在柜台，整齐地排列着。营业员在一旁微笑着等候着。有客人要购买了，营业员一边收钱一边递上梨膏糖。少了些市井味道，多了些商业气息。

不知为何，我心里总是牵挂着旧时"文卖"、"武卖"的热闹景象，如果在熙熙攘攘、游人如织的豫园商场内，再现昔日的"文卖"、"武卖"，该是多么有趣的事情啊！

我们总是在说传承创新，其实传承创新不仅仅是产品本身，还有那由此伴生出来的人文景象。没有深厚的文化底蕴和历史积淀，何来传承，又何来创新？当然，今日假如再现"文卖"、"武卖"，势必有着不一般的内涵和意蕴。

时代在变，梨膏糖也与时俱进。经过不断地衍变，梨膏糖开枝散叶，发展到了20多个品种，包括创新型产品"梨膏露"。据说，炎炎夏日，饮一瓶冰镇梨膏露，解渴祛燥，清甜舒爽、甘醇怡人的好味道，能一直沁凉到心底。

老城隍庙梨膏糖的演绎和嬗变，迎来了越来越多的客户，旅游食品发展的潜力也在日益扩大。目前，产品远销澳大利亚、美国、日本等，受到国内外消费者的青睐。

（文/裕　元）

昔日"网红"今逾红

熟悉我的人都知道，我很喜欢吃蝴蝶酥。所以，一些有心的朋友出差旅行时看到当地有名的蝴蝶酥，都会给我捎带一些，聊以解馋。不过，到目前为止，我最爱的依然是上海国际饭店的原味蝴蝶酥。

犹记得有一年冬天我还在南京工作，一日约了北京的好友在上海聚会。离沪的那天早上，我直奔国际饭店的西饼屋，买了一包蝴蝶酥回南京。结果，在候车室因为嘴馋尝了一块，就停不了嘴，还没上车就把整包蝴蝶酥消灭了。北京友人更是可爱，原本那男的对蝴蝶酥"不感冒"，买了两大包打算回京做手信。谁知道在机场肚子饿了，就"偷吃"了一块。这不吃还好，一吃立马"出事"了：他正色命令他的老婆把其余的蝴蝶酥收好，不准再当手信送人了。我听了不禁大笑，原来国际饭店的蝴蝶酥魅力这么大。

据说，每天早上，当黄河路飘出阵阵奶香时，门口的队伍已经排得老长。最忙的时候刚出炉的蝴蝶酥都来不及装袋，店里的客人已经等得很是心焦，甚至连曾被誉为"远东第一高楼"的国际饭店，都被自家的蝴蝶酥抢去了几分风头。一些年轻的食客对国际饭店的历史知晓不多，却对国际饭店出品的蝴蝶酥印象深刻。

住在附近的居民都知道，只要蝴蝶酥一进烤箱，整条凤阳路、黄河路，全是香味！这香味就是正宗的黄油味道。

我最近一次去国际饭店购买蝴蝶酥，是在八月下旬。初秋的午后，日头依然很足，照在马路上热烘烘的。黄河路上国际饭店的西饼屋，空间不算大，顾客却络绎不绝，等候的队伍时长时短，但几乎没有间断过。玻璃柜里的点心在金黄色的灯光下，泛着诱人的油光。

店里西式、中式，各色点心品种不少，但大部分顾客都是冲着蝴蝶酥来的。旁边的椅子上，两位三十多岁的女士斜倚靠背，一边轻声闲谈，一边打开蝴蝶酥的包装袋。袋子一开，扑鼻的奶香就飘散出来。从包装袋里取出蝴蝶酥送到嘴边时，那皮又薄又脆，为了防止碎渣散落一地，另一只手还得小心翼翼地接着，这样吃相就不会难看。

一般的蝴蝶酥外形是平平的、瘪瘪的，口感比较脆，但往往少了几分酥松感和沁鼻的香气，国际饭店的蝴蝶酥呢，两片"翅膀"是蓬起来的，弯弯卷卷的弧线很漂亮，像只翩翩起舞的蝴蝶。轻咬一口，奶香浓郁但不腻。国际饭店还有一种咸咸的芝士蝴蝶酥，加入了芝士粉和胡椒粉，融在黄油的香气中，味道"曼妙"唇齿。来买芝士蝴蝶酥的客人只需告诉营业员"要咸的"，对方便心领神会。

蝴蝶酥原是流行于欧洲的特色风味小吃，在欧洲被称"耳朵饼"。传闻，是为了处理做法式千层酥时留下的边角料而发明的。剩余的面皮一卷一切一烤，便成了漂亮又可口的蝴蝶酥。所以最传统的蝴蝶酥都是小小一只，毕竟是边角料嘛！

蝴蝶酥口感松脆香酥，香甜可口，具有浓郁的桂花香味。后来融入上海，在很多上海人的记忆里挥之不去：酥皮是松脆的，白糖是焦香的，吃完后舔舔手指头都是满足……上海人为它取了个浪漫的名字，蝴蝶酥。浪漫的，不仅仅是名字，上世纪80年代，去国际饭店喝杯咖啡、吃片蝴蝶酥，简直浪漫得"一天世界"。与如今去半岛酒店喝下午茶相比，更加情真意浓。

西式蝴蝶酥重油重糖，而海派蝴蝶酥糖少了、油水轻了，口感更酥。国际饭店的蝴蝶酥，有一大一小两种，广为流传的是有半张脸大小的大个儿蝴蝶酥。可能是本土化改良时为了照顾国人喜欢"大"的心理特点。吃过的食客都知道，国际饭店的蝴蝶酥入口非常松脆，就算放上几天也不会发硬。这样的松脆，全靠它地道的起酥功夫。

"起酥"是制作工艺中最考验西点师经验与手艺的环节。为了做出层层酥皮，需要将黄油裹进面团里折叠、擀平、再折叠……期间还要不断撒上白糖。每一步骤都要考虑面团和黄油的比例、厚度、软硬度等诸多因素。否则便会产生"漏油"或起酥不均匀等瑕疵。所以，好的蝴蝶酥一定需要手工制作，人对原材料细微差别的感知是机械无法替代的。

制作蝴蝶酥的西饼工厂，深藏于国际饭店，分成制作车间、烘烤车间以及包装车间。在制作车间的大号制作台上，一份份已经过秤的黄油、面粉、白糖，整整齐齐地摆放着。制作师傅戴上厨师帽与口罩，洗净双手，然后开工。师傅先把面团压平，在上面放上同样分量、同样形状的黄油块，压平压紧后对折，加入一把白砂糖，再压平，再对折。重复着加糖、对折、压平的步骤，如此往复8次之后，整个面团就有了256层，每层里都有均匀的面粉、黄油和白糖。

把制作完的面团切片，放入烤箱，烤上25分钟，原本紧实的酥皮就会自然张开，形成凹凸立体的"翅膀"。蝴蝶酥的香味则会顺着烘烤车间的窗户缝儿，弥散到室外，久久不散。

黄油是蝴蝶酥的灵魂，一块蝴蝶酥里三分之一的成本被黄油占据，在整个制作过程中，黄油要保持一定的温度。究竟是多少度？这是商业秘密，不能外泄。唯一能透露的是，除了减少白糖比例、适当降低甜度以外，近80年来，蝴蝶酥的配方没换过，做法也没改过。为了保护这个秘方，就连生产的地方都没搬过，就怕外人偷师。

在大工业现代化的今天，国际饭店的蝴蝶酥仍然靠手工制作。正是因为手工制作，国际饭店一天的蝴蝶酥产量也就在2500袋（每袋5片）左右，几

乎每天都会销售一空。若按照一天营业10小时计算，几乎每15秒就要卖出一袋。

值得赞叹的是，蝴蝶酥热卖绝非一朝一夕，而是跨越了数十年的时光。据说，国际饭店1934年开业之初，就高薪聘请法国西点师引入蝴蝶酥，并使之迅速成为绅士名媛热捧的美食。上世纪80年代，国际饭店正式对外开放，老百姓也渐渐成了蝴蝶酥的拥趸。

在最早接触蝴蝶酥并成功将其本土化的上海国际饭店，蝴蝶酥的年销量超过一千万元人民币，可谓"家喻户晓"、"人气爆棚"，算是沪上最早的"网红美食"了！

那时，张爱玲就居住在位于黄河路65号的卡尔登公寓。推开窗子就可以看见当时的远东第一高楼——国际饭店。到国际饭店喝下午茶，是张爱玲的必修课。一杯咖啡一碟蝴蝶酥，是张爱玲的下午茶标配。

现在，在国际饭店的一楼咖啡厅，仍能点到蝴蝶酥。睹物思人，昔人已去，情思绵长。据说，饭店大堂的咖啡吧是张爱玲和胡兰成最后一次见面的地方。不料却在国际饭店撞见一个熟人。结果为了避嫌，他们彼此装作没有看见。

如果，张胡二人约在今日的国际饭店大堂咖啡吧，怕是不会再遇见什么熟人了。在偌大的空间里，对坐着，咖啡和蝴蝶酥香在两人之间绕来绕去，不是酸，就是苦。

作家安妮曾说："好的蝴蝶酥，的确就像女人的心；甜得恰到好处，而且非常酥脆，很容易就碎了。"望着手里那块又酥又脆，吃完后回味起来舌尖还有股子清香的蝴蝶酥，不由想起，张爱玲曾经深爱着沪上某导演，在这国际饭店的大堂，留下无限情爱和缠绵的印痕。

张爱玲在《小团圆》一书中坦陈，她很爱某导演，也很感激某导演。某导演是最值得张爱玲爱的男人，也是能支撑张爱玲事业的男人，遗憾的是，两个正确的人在错误的时间相识。最终，明智的张爱玲选择了离开，这不仅救了她自己，也救了某导演。

某导演是爱张爱玲的，不仅爱而且很懂她。1995年，张爱玲去世以后，与张爱玲认识的很多人写文章评说怀念张爱玲，某导演却一直保持沉默。因为懂得，所以不言；因为疼爱，所以沉默。犹如国际饭店的蝴蝶酥，迄今一直占据着上海乃至全国最好吃的蝴蝶酥的地位，不可超越。无须再作任何形式的炫耀和表白。

国际饭店的甜点下午茶，从那个年代传承而来，见证着一个世纪的风流。而今浮华褪去，经典的西点口味却一直没变。侧门的西饼屋，购买蝴蝶酥的人群，依旧每天排着长龙，其中，少不了老上海的阿姨爷叔，有时还能看到"老克勒"。岁月荏苒，时光流逝，国际饭店蝴蝶酥在上海人心中，风韵犹存、地位依旧。

（文/郭　霁）

未闻"鼎丰"已先馋

工作的缘故，有一阵子晚上经常有饭局。但是，每次吃完"圆台面"回到家，还是要就着腐乳吃上一碗泡饭，唯此，肠胃才感到舒适。

上海人爱吃腐乳过泡饭，这是人所共知的秘密。在北方上大学时，同寝室的天津同学曾很不解地问：腐乳过泡饭，真的有那么好吃吗？面对发问，我一时语塞。一方水土养一方人，腐乳过泡饭，这本是很普通的饮食习惯。但，这是正宗上海人生活里不可缺席的角色。

有位记者曾经这样描述腐乳之于上海：初来乍到的"新鲜人"，会以为坐在咖啡馆门口的白色帆布伞下喝咖啡、吃黄油松饼是"上海范儿"；过了一阵子，发觉豆浆油条或者菜肉馒头才是这个城市大多数老居民首选的早饭；等住得久了，总算知道一碗泡饭配一碟腐乳，方是骨子里的"上海味道"。

这位记者说，小小一块腐乳，透露出了上海的底色：在浮光流影中，这座城市是市井的、草根的、活色生香的。

由于腐乳、臭豆腐等发酵豆制品含有丰富的蛋白质与维生素，国外称其为"中国奶酪"。说起来，腐乳并非上海特有。北京有王致和、广西有花桥、广东有广合、四川有海会寺、黑龙江有克东、浙江有咸亨，还有香港廖孖记和台湾黄大目……各地的腐乳味道各不相同，代表着当地人的饮食口味，比如海会寺偏辣，咸亨偏咸。当然每个人的舌尖上，也都有自己最钟情的一款腐乳，清代袁枚最喜欢白方，曾在《随园食单》里点评说"广西白腐乳最佳"。

上海人爱吃腐乳，尤爱本地产的玫瑰腐乳。这首先和上海人偏爱甜咸口味有关，同时牵连着泡饭。放眼全国，大概没有哪一处比上海更盛行泡饭：

自开埠以来这里就是快节奏的，早上格外紧张，于是只有泡饭这样的"快餐"才堪早餐之大任；而腐乳等酱菜，过泡饭味道顶好——一阵稀里哗啦之后，唇齿间浮现出两个字：惬意！

这也可以解释，为什么大量的酱园子恰好在清末兴盛于上海。在这些酱园里，就有至今盛名不衰、被列入首批上海非物质文化遗产名录的鼎丰腐乳。这家已近150年历史的老字号最早开在闵行莘庄，同治三年迁到奉贤南桥，就此扎根下来。

关于鼎丰腐乳，笔者听到这么一段轶事：

光绪年间，当时小小的南桥镇上来了一位回乡探亲的京官，因为是皇城来的，本地商家都不敢得罪，纷纷送礼道贺。鼎丰酱园的萧宝山，也送去了一缸自家酿制的鼎丰腐乳。京官是个刁钻的人，见到别家不是送绫罗绸缎，就是送山珍海味，唯独这个鼎丰酱园送来这一文小钱一块的腐乳，十分生气，认为是看不起他这个朝廷命官，便让人把腐乳全部倒进猪棚。过了几天，京官要宴请地方名人，这不通世故的萧宝山也来了，而且送去了一缸腐乳，结果京官恼怒得很，又不能发作，便把这"不登大雅之堂"的腐乳倒进了粪坑。萧宝山对腐乳的两次遭遇全不知情，当他得知京官要接他母亲回京时，再次精选一缸上好的腐乳让他们在船上品尝。这次，京官实在受不了了，拿起那装有腐乳的罐子刚要往河里倾倒，被他的母亲拦住了。这缸腐乳便幸运地进了京城。

或许是车马劳顿，或许是水土不服，一到北京，这位老夫人就感觉身体不适，口中无味，任凭珍馐佳肴都引不起食欲，就想起了从老家带来的那罐腐乳。打开缸盖，她只觉得香气扑鼻，夹起一块放到嘴里，鲜美无比，不禁食欲大开。这让那位京官着实摸不着头脑。不过既然母亲好这口，那就叫人去买吧，但北京和附近地区的腐乳就是不合老夫人口味。

京官只能硬着头皮派人回家乡大批购买鼎丰酱园的腐乳运回京城，不仅给母亲吃，还分送给同僚。同僚起初也不觉得稀罕，可品尝后无不大加赞赏。从此，南桥鼎丰腐乳在京城名声大振，一些消息灵通的商人就来南桥贩卖鼎丰腐乳，据说收益还不错。

在奉贤本地还有另外一个版本，说的是在清朝光绪年间，奉贤南桥人陈延庆考中翰林，官至山西学台。有一次他探亲返乡，吃了几天宴席，对荤腥"腻味"了，就用京里同僚馈送的名产腐乳待客，打开盖，众人不禁大吃一惊，原来千里迢迢带回来的京城腐乳，竟是奉贤本地所制。众人甚觉有趣，这相当于现在有人在美国买了个美国货回来，拆开包装一看竟然写着"Made in China"。老板听到这个消息，就精心赶制了"进京腐乳"大型匾额，高悬于店内，于是"进京腐乳"的美名就流传至今。

清代江浙两省所制的著名腐乳有四处：平湖、苏州、绍兴、奉贤，而以奉贤鼎丰酱园所制腐乳，色香味最为佳美。鼎丰腐乳酿造工艺初创时，采用的是最古老的手工操作方式，劳动强度大。当时，作坊里流传着"水桶、扁担、木榨床，工人挑水上千趟"、"三九严寒冰冻天，挑料、出糟不穿衣"等顺口溜，可见工作之辛苦。其制法是先将黄豆筛选，然后用石头进行手工平磨黄豆，由人力对豆浆分离，用烧谷糠手拉风箱铁锅煮浆，用杠杆式石压制坯，然后进行划坯、发酵、加卤酒、配料等十几道工序。历经数代人的改进，鼎丰酱园所制腐乳成为清代江浙两省四大著名腐乳之一，并且以质地细腻、味道鲜美、香气浓郁、色泽悦目，富含多种人体必需的氨基酸、维生素等为特色。

"甜、糯、醇"是鼎丰腐乳最突出的三个特征。"甜"是因为其起源于南方，较其他地区的腐乳口味更为鲜甜。"糯"是因为对于酿造工艺的讲究，厚薄均匀，不破皮不损角，质地细腻，口感酥软，糯而不粘。"醇"是因为采用纯粹的糯米发酵做成酒酿卤汁配制，具有香浓的酒酿味，品之余味绵长。

鼎丰酱园生产的"进京腐乳"，前期就在酒酿乳里发酵，酒酿味颇为浓郁，其制作工序更为讲究和烦琐，产量小而精，现只在奉贤区内有售，是典型的"奉贤特产"。

在早前的鼎丰酱园里，豆腐切成小块放到筐里之后，要盖上稻草搬进温度适宜的密闭房间。为啥盖稻草？这里有讲究：腐乳发酵需要一种叫做腐乳毛霉的微生物，里头有强大的蛋白酶，能把豆腐里的蛋白质分解为氨基酸和蛋白胨，腐乳因此变得又软又鲜，而这种腐乳毛霉就生长在稻草里。很快，腐乳毛霉会从稻草上"爬"到豆腐表面，像一根根雪白的绒毛，密密麻麻竖立着。这时，就可把豆腐转移到坛子里，放入食盐、花椒、老酒和酱料，再加些红曲，坛口用泥封好。红曲是用上好大米蒸熟后，播洒上红曲菌种做成的，主要目的是给腐乳染色。接下来的6个月里，在各种微生物齐心协力之下，坛中生成了酒精、乳酸和芳香的酯类，腐乳特有的香味就此酿成；豆腐上的绒毛也倒伏下来，粘结成一层外皮，又经红曲浸染，变作鲜亮的"外衣"。最后在腐乳汁中加入纯天然玫瑰花酱和白糖，由此制成的玫瑰腐乳，味道纯正香浓，色泽靓丽悦目。

鼎丰腐乳的每一道工艺都有诀窍。就说制豆腐坯吧，讲究一配、二慢、三看、四转。配，是调配蛋白质凝固乳的比例；慢，强调凝固乳要慢慢地倒进豆腐；看，则是在豆腐翻腾状态下观察蛋白质的凝结程度；转，要在翻腾过程中转缸，这决定了做出来的豆腐是不是软硬刚好。

腐乳的每一道关键工艺在今天都可以借助现代技术来实施。比如，从前判断腐乳有没有做好，凭的是师傅的耳朵、眼睛和嘴巴：听发酵时的声息，闻不同阶段的气味，尝成品的味道，这些是相当考验师傅的经验的，然而感官评判因人因时而异。现在不一样了，蛋白质成分、各种配料的比例，全都转换成了量化的物理指标。

腐乳虽然营养价值高，但传统腐乳含盐量高，与现代人的营养价值观和口味不符合。随着人们生活质量的提高，口味的变化，由鼎丰酱园延续而来的上海鼎丰酿造食品有限公司提出了"中华老字号，酿出新味道"的口号，对传统腐乳进行了革新，研制出低盐、低酒精度、不含防腐剂的新型腐乳，腐乳呈现甜咸辣口味与大中小块型系列。这意味着，鼎丰腐乳进入了一个更为广泛的境遇。

（文/丁　峰）

一卤"糟香"胜百香

夏天，去百年老店"老大同"买上一块他们自制的香糟风肉，再去菜市场买上几块钱的百叶。回家，将百叶切成丝，铺在盘子里，覆上一层切成薄片的香糟风肉，加上葱姜、料酒和冰糖，放进蒸笼，大火猛蒸10分钟，便可食用。这种做法，我也是听一位浸淫饮食行业40多年的老法师介绍的。

老法师说，这种烹调出来的香糟风肉嫩滑、肥而不腻，铺在盘底的百叶，甜甜的，带点酒香，非常好吃。我照此做法一试，果然如此。从此，这种简便可口的菜肴，便成了我这个懒得在厨房里忙碌的食肉动物的保留菜单。

糟，很神奇。把鸡肉、鸭肉、牛肚、大肠等煮熟之后，待微凉腌制，按照一定比例与酒糟放在一起，在5摄氏度左右的恒温条件下，发酵两到三天，酒糟的香味就会充分渗透到肉里面。经过糟制的肉，去腥提香，别有风味。

老法师说，古人曾夸张地形容，"入口之物，皆可糟之。"夏天，饭桌上若有糟货点缀，那是要多吃半碗饭的。

在上海和江浙一带，糟货是家家户户夏天必吃的冷菜。糟货的滋味对上海人来说很难抵挡，常常会看到弄堂里的老宁波、小宁波、老浦东、小浦东都好这一口，老酒咪咪，糟货吃吃，倍觉惬意。

糟货好吃。除食材新鲜、烧煮得当外，糟卤须好。糟，上海人俗称"糟货"。《说文》里说：糟，酒滓也。这酒滓，成就了一种独特的江南味道，这一味糟香，与江南的夏天相得益彰。

糟卤是从陈年酒糟中提取香气浓郁的糟汁，再配入辛香调味料精制而成的，鲜咸之外，更兼陈酿酒糟的独特香味。制作糟货时，先将食材煮熟晾凉，再以糟卤浸渍，密封冷藏。素的半天、荤的一夜，时间一到，甫一开盖，色面清爽，糟香扑鼻，令人胃口顿开，炎夏恹恹之气一扫而光。说来也奇，在夏天，稍嫌油腻的肉类荤菜，放在糟卤里一浸，油脂尽消，惟有鲜香，满口爽滑。人们将材广味美的糟味食品视为中华饮食的精粹，誉为"远古的美味"。

沪上香糟做得好的，要数起源于1854年，至今已有163年历史的"老大同"。

从清末到上世纪30年代，是上海各类菜肴繁荣发展时期。清咸丰四年（1854年），在今天的广东路327号，大同酒店开张了。创始人徐增德妻子徐氏，是苏州酒糟作坊老板之女，熟谙用酒糟烹制卤味，在其经营的酒店尝试用从苏州小作坊带回的酒糟配入少许香料封坛酿制年余，起封后，在店中制作少量的糟味菜肴，供客人食用和外卖，因味佳质优，适合南方清淡口味，很受客人追捧。

当时，糟味卤味菜肴，苏州人称为"糟货"，故大同酒店也将其店内供应的糟味卤味称为"糟货"，而客人们的口口相传，将大同酒店糟货牌子越做越大。利益使然，沪上餐饮业纷纷跟风经营这一特色，形成新的菜系——糟货。

本帮菜系在人们的印象中，是浓油赤酱、口味颇重。清爽淡口的糟味菜，从某种意义上来说，是对本帮菜系的互补，这一浓一淡，使本帮菜系的口味显得端庄、平衡。

在以后的经营中，徐氏与职工又用数年时间，对酒糟配方进行摸索，使糟味更醇更香，并将其名由"酒糟"改为"香糟"。同时，酒店也开始正式门售上海滩独创的老大同自制产品——香糟。

1930年，大同酒店更名为老大同酱园，酱园经营油、盐、酱、醋等调味品和香糟、糟油。1936年，浙江人王肇瑞出任老大同酱园经理，聘请技师范康年对香糟进行专题研发，对原料反复筛选，对配方不断调整。针对江南气候条件下何时制作为最佳质量的课题，进行反复论证比较，费时数年，最终形成了香糟生产的原料、配方和工艺的《制糟要术》，使生产出来的香糟，味更浓更醇。由于味醇质佳，"老大同"广受酒家饭店的喜爱，产品时常脱销。后来，商店扩大了生产规模，派员工到苏州、昆山、嘉善等酒厂监督生产，由原单一酒厂生产而转为多家酒厂生产，保证了市面供应。

史料记载，制糟之风，起于战国，盛于南宋，为江南寻常人家所用，最初应与食品储藏有关。非虚构类文字记载，见《随园食单》，如"糟鲞"、"糟肉"和"糟鸡"；虚构类的，情况就更"糟"了：《红楼梦》提及"糟鹌鹑"、"糟鹅掌"的食风：那一股若有若无、有酒香无酒味的特殊的糟香，令人闻香而至，胃口大开；《金瓶梅》有"糟鹅胗掌"、"糟鲥鱼"之说：里外青花白地磁盐，盛着一盘红馥馥柳蒸的糟鲥鱼，馨香美味，入口而化，骨刺皆香。据说周代八珍中的"渍"，就是用酒糟浸渍的牛羊肉。南宋大诗人陆游吃过"糟鸡"后，留下"糟鸡最知名，美不数鱼蟹"的赞词。

"糟"与"醉"相似，调料都源于酒，做法也相似，故有"糟醉一家"之称。江南自古为稻米产地，也是黄酒的故乡。除了众多的酒厂作坊造酒以外，民间农户都有酿米酒的习惯。米酒俗称"老白酒"，加点红曲就成了黄酒。秋收过后，谷粒进仓，家家户户就陆续酿起米酒。酒多了，酒糟也自然多。

老大同香糟，是上海本帮餐饮行业中不可或缺的调味原料。在本帮菜糟味系列中，老大同香糟有着举足轻重的地位。在京、鲁、闽菜的菜谱中也常见其踪影，苏、杭菜使用频率则更高。长期以来，凡上海滩有名的饭店、酒家、熟食店（如和平饭店、锦江饭店、老饭店、杜六房、马咏斋等），均是老大同忠实客户。

如今，用香糟调味的食材，可烹饪出许多脍炙人口的美食名肴。既有清凉爽口、增进食欲、回味隽厚的夏令糟味卤菜，又有沁人心脾、芳香四溢、回味悠长的冬令糟味汤锅；既有饭店厨师的精品糟菜，又有平民百姓家庭制作的一般糟味。糟味菜肴既是知己酒友的下酒良菜，又是青年白领电视机前的休闲美食。

王浩秋是老大同香糟制作技艺第四代传人。每到做糟的季节，他便一个人开着车，从上海赶到苏州吴江七都镇的香糟制作工厂。走进工厂，只见一排排黄酒坛，酒坛中间一座高压电塔显得格外高大，这

里看似有些不规整，却保留着传统的味道。伴随着上海及周边地区黄酒厂的消失，王浩秋的选择越来越少。

一群苍老而健硕的当地镇民焦急地等着王浩秋的命令，一句"开始"，他们便迫不及待地拾起铁铲。他们把王浩秋带来的中药秘方和刚刚打碎的酒糟拌在一起，浇上酱汁，使劲压进坛中。几个沉默不语的小伙接过坛子，围上荷叶，拍上棒头泥封口。

"我们全是传统的。有些人现在用塑料封口，那是不对的。你看我们的荷叶，还有当地特有的这种泥巴，它们都是透气的，发酵过程也需要呼吸。"王浩秋盯着工人，样子十分认真。"这里边将近20味的药材都是我亲自配的，茴香要用哪儿的，花椒要用哪儿的，打碎的时候哪些要细一点，哪些可以粗一点，都有讲究，一点也错不得。"做完这批糟，王浩秋表情轻松了些。酒糟坛被涂成了黑色储存起来，等待它们的是至少两年的时光。

王浩秋从小爱吃，妈妈说他将来是做厨师的料。1976年，王浩秋来到老大同，他为老大同制定了第一套香糟标准。广东路233号的老店，如今已经变成了一家超五星级宾馆。王浩秋说，退休后，他想去澳大利亚给留学的女儿开一家糟味馆。"我女儿只会做蛋炒饭，糟味老外很喜欢的，在唐人街也很受欢迎。"

据说，曾经很多上海本帮菜馆每年都要到王浩秋那里报到领糟。王浩秋说："上海不应该失去这个东西，它是上海的一张名片。最早苏州传过来，后来苏州没有了，上海传承下来了。实际上苏州、无锡以前的都叫酒糟，上海人聪明，叫香糟，因为里边加了香料，现在大家都只认这个。"

在王浩秋心中，香糟是风味调味品，它的滋味难以形容。似酒非酒、若有若无的陈年糟味，代表着上海的老味道，是根植在许多人脑海中的味道记忆。

（文/芷　慧）

"粽"是四海五芳情

去浙江嘉兴旅游，五芳斋粽子是必买之物。尽管近年来，嘉兴生产粽子的食品企业层出不穷，各种名称的粽子琳琅满目，然而群粽之中，五芳斋粽子一枝独秀，声誉日隆，风头谁也盖不过。

五芳斋的粽子至今已有百年历史。民国初期，嘉兴城里出现了很多沿街叫卖的"粽子担"。据《浙江饮食服务志》记载，民国十年（1921年），兰溪籍商人张锦泉在嘉兴当时最热闹的张家弄口开设了首家"五芳斋"粽子店，因其制作考究，风味独特而名噪一时。1940年，张家弄相继开设了"庆记"五芳斋和"合记"五芳斋，与最早的"荣记"五芳斋三足鼎立。为了招揽生意，他们各自在用料、配方、包裹、烧煮技艺上不断改进，工艺配方越发完善，口味日趋精美。"五芳斋"粽子很快享誉江南，成为"粽子大王"。

1948年，五芳斋粽子国家级传承人姚九华从浙江兰溪县潭塘坞村来到嘉兴，进入荣记五芳斋粽子店学生意，从此与五芳斋粽子结下不解之缘。

在五芳斋制作技艺的传承中，姚九华发扬了五芳斋祖训，对粽子制作工艺要求严格。他包粽子，不仅速度快，且每只粽子四角坚挺、棱角分明，大小均匀，松紧适度，从无漏角透气的情况。最绝的是，每只粽子不用过秤，他用手一提，就知道重量，上下决不会相差两钱。这个"一抓准"的本领，后来在全体员工中推广，成为五芳斋特有的一项绝活。

姚九华对五芳斋粽子技艺的重要贡献，就是统一了优质原料。比如，猪肉只用猪后腿精肉；肥膘只用脊膘；箬叶只用"徽州伏箬"；大米一定挑选糯性足的优质糯米；赤豆要用"大红袍"，这些选料原则一直传承到现在。正是原料品种、标准的统一，才有了五芳斋几十年来始终如一的好品质。

姚九华的另一重要贡献就是保护并传承了五芳斋创始人特制的调料秘方。姚九华作为公私合营后五芳斋店的负责人，研究并建立了祖传秘方的传承机制，使秘方一直延续到现在，并形成"糯而不糊、肥而不腻、肉嫩味香、咸甜适中"的独特口味，保障了五芳斋粽子经久不变的隽永风格。

守味者，匠心不负。五芳斋创始人编纂的《粽技要秘》中这样记载："因嘉兴乃鱼米之乡，糯米品种有扫帚糯、鸡粳糯、虎皮糯、羊脂糯、望海糯等，均为上好糯，故吾采用本地之糯入粽，不再另谋。"他指出新糯、陈糯的区别，并明确规定"一年以上的陈糯不可入粽"。

21世纪初，嘉兴糯稻的产量和品质跟不上五芳斋制粽的要求。五芳斋人便带着亿元的投入来到东北，历经多年艰苦探索，构建起完整的大米全产业链管控模式。从种子到筷子，极大程度地保障大米的安全健康。

"馋宗大师"沈宏非先生在《路边的粽子你要"睬"》一文中，这样描述了美味的五芳斋粽子："把这烫手的宝贝热腾腾地捧在手里，怯生生地试探着咬一小口……肉香、米香、箬香，交融四溢了满嘴，这种香味软软糯糯地一路钻到心尖。"

粽子全国各地都有，为何就数五芳斋粽子驰名天下，独享"粽子大王"的美誉？答案之一就是它独有的五大原料优势，每一粒米、每一片箬叶、每一块肉都经过了精挑细选，是对质量的执着追求。

五芳斋粽子生产所用的糯米来自我国黑龙江五常、宝清的优质糯米基地。黑土地出产的稻米天然、安全，米粒晶莹剔透，口感香滑，醇厚微甜。

五芳斋粽子之所以散发着诱人的清香，离不开箬叶与生俱来的挥发性的植物香料。为了寻找优质的箬叶资源，五芳斋派专业人员考察箬叶主要生产地的环境，锁定"天然氧吧"江西靖安及周边地区出产的野生箬叶。其叶片厚薄适中，柔韧性强，清香度高，是食品的"天然防腐剂"。

出于卫生和健康，五芳斋粽子生产所用肉品，均经过18道工序检验，源自猪后腿的优质冷鲜肉，肥瘦搭配，经过高温蒸煮，肉汁浸润到米中，入口即化。

经过多年积累和发展，"五芳斋"的独特配方由老师傅一代代传承下来，成为五芳斋粽子口味几十

年不变的秘诀，特别是在酱油、酒、糖、盐等调料的配制上，更是下足功夫，精益求精，一丝不苟，就连搅拌的方法也有独到之处。在百年传承的基础上，五芳斋不断推进技术创新。淘、拌米连续化生产流水线，箬叶机械化清洗机，自动化切肉生产线，环保节能的高压烧煮锅，粽子冷却、自动化点粽设备等的投入应用，大大提高了粽子标准化生产水平，稳定了产品质量，提升了传统产业档次。

五芳斋的制粽技术包括选料、浸米、煮叶等36道工序，每一道工序都饱含五芳斋人呕心沥血的劳作。首先是洗米，速度要快，控制浸泡的时间，同时尽快煮熟漂洗好的米，以保证粽子的口味和口感；其次是拌肉，配上独家秘方反复揉搓直至表面起细小白沫，这样肉的味道才好；手工裹粽是五芳斋粽子制作技艺中极具代表性的一道工序，因为这道工序，不仅要求裹好的粽子重量符合标准，外观漂亮，还要求速度快，他们将裹粽的手势和动作分解和标准化，细化到裹一只粽用几张箬叶、绕几道绳、如何扎绳等。

在近百年的发展历程中，历代掌门人十分注重对五芳斋品牌的保护、传承和发展。1990年、1991年和1997年，公司相继举办了三次不同规模的五芳斋粽子文化节，将延续了几千年的粽子文化加以归纳、总结和传播，为后来粽子文化的进一步发展积累了宝贵的资料。

1996年，五芳斋裹粽技师以每分钟包6只粽子、每只重量100%的准确率荣获大世界电视吉尼斯纪录，从而轰动一时；1999年，重达1000公斤的五芳斋千禧粽再创基尼斯纪录，被誉"天下第一粽"，代表着五芳斋粽子的技艺已达到世界最高水平。2009年5月28日，在上海豫园商城，用一万只粽子组建而成的长10米、高2.5米的巨型粽子龙，创下"最多粽子组成的造型——中华龙"大世界吉尼斯纪录，表达了中华民族万众一心、中华龙腾的宏大气魄，也表明全国人民团结一致战胜金融危机的决心。

2017年3月，气温渐渐回升，虽还有丝丝凉意，但已不复冬日的萧瑟。五芳斋实业股份公司总经理吴大星等高层坐在办公室，讨论着与迪士尼的合作情况。

这几年，五芳斋像其他老字号品牌一样，面临困难：年轻人对老字号产品失去了传统记忆，老字号产品盈利空间在不断压缩……

为不断寻求品牌突破，2016年3月，五芳斋携手迪士尼，合作打造的粽子产品涵盖了迪士尼经典卡通角色，以及电影中的经典人物。集团随后展开了产品设计、路演、KOL精确定位、H5互动游戏等一系列品牌运作活动。

今年是合作的第二阶段，五芳斋配合迪士尼公主系列电影，推出了适合女性消费的粽子，来迎合女性市场颇为流行的素食主义。五芳斋抓住女性追求美丽容颜的特点，充分考虑现代营养学健康膳食"低脂肪、低盐、低糖、高蛋白质"的特性，用心开发了一系列以花果及低油脂低卡路里的食物为原材料的美容养颜粽，如"玫瑰豆沙粽"、"紫薯栗子粽"等，充分考虑了美颜和时尚的结合，实现了"色、香、味"与养颜融合为一体的创新。五芳斋通过改变产品本身的原材料，从心理上实现了给顾客公主般的呵护，让产品价值与迪士尼相互呼应，来打破顾客对粽子的固有看法，让顾客更好地接纳五芳斋的新元素。

一个小小的粽子摊，历经百年磨练，发展到30多亿规模的集团、农业产业化国家级龙头企业，这奇迹也唯有五芳斋能够创造。这一传奇也展现了工匠精神的魅力所在。美哉，五芳斋！中国美食行业的骄傲。

（文/佳　兴）

点点

诗意

第 2 辑

斟一杯"情怀"
舀两匙"闲逸"
不居深山
却有仙踪妙趣
不入花径
却有芬芳沁脾

筷笔演绎"十六盏"

挺哥，姓邵名毓挺，十六盏味业创始人，生于1973年，土生土长的上海人，自称从出生到现在，一次离开上海的时间都没有超过两个月。

由于母亲是苏州人，与大文豪兼美食家陆文夫是江南大同乡。既然是同乡，自然也沾染了不少陆文夫的秉性、爱好。比如，陆文夫喜欢美食，喜欢写点美食文学。一本《美食家》满城叫好，洛阳纸贵。挺哥也喜欢美食，也喜欢写点与美食有关的文章，并集合了一批文青，创办了一个叫《吃不到》的微信公众号，亲任主编。

《吃不到》美女大编辑倩倩，对这喜欢独来独往的挺哥有点"羡慕妒忌恨"。她说，挺哥文气逼人，就是经常找不到他人！他想吃什么了，就开着车、乘着船、坐着飞机想着办法地去找。没事逛逛历史名迹，骚扰收藏小贩，淘淘美食孤本。每每遇到动情时，必定有感而发，一双筷子一支笔是挺哥的最爱。

挺哥有个外号，叫"奇人"。他出生在南市老城厢一个书香门第，父亲是参与"两弹一星"研制的科技人员，良好的家庭环境和浓厚的读书氛围，养成了挺哥爱读书、爱思考的秉性，以及多才多艺的素养。当然，那时的挺哥也是"吃货"一枚。成年后的挺哥在文章里，如此回忆年少时光：

大境阁下的大境路，原来是个马路菜场，鱼虾的腥味在热烈的阳光下浑厚无比。然而就是在这里，有一家卖炸蔬菜鱼丸的摊档，鱼丸一份8个放在黄色的纸袋里，外层的面粉金黄酥脆，咬开则是白嫩弹牙，菜叶估计是芹菜，也搭配得甚是默契。

说挺哥是个奇人，是指他总爱做些有趣且别出心裁的事情。

比如，他是上海迄今为止独一无二的冷僻门类收藏家。15年的收藏心血积累，完成了2000册美食古书、5000件美食器物及上万件关于上海老商标的断代史的历史收藏；收藏了近千张中国电影海报、上海老字号商店广告、发票、老上海股票，为今人研究老上海商业提供了弥足珍贵的资料。

笔者造访挺哥的那天下午，上海浦江饭店的叶跃群副总经理正在与挺哥洽谈举办老上海风情展的事宜。

叶总说，此前，他们有过多次合作。"挺哥这里的许多老上海商业资料，实在珍贵，也很吸引人，尤其是外国人特别喜欢挺哥的收藏品。"

挺哥收藏的资料，有些很实用。比如，他收藏的那本80年前外国人编撰的烘焙配方集萃，曾经请香港烘焙大师Helen Kwok小姐，按照配方100%还原了其中一道道精致点心，让在场的时尚女郎"坐"上了时光机，当了一回旧时名媛。

"由诗及食"这个小标题，是挺哥《吃不到》微信公众号里的一个栏目。由诗及食的食品，笔者没有尝过，但挺哥从《红楼梦》里研制出来的"椒油纯斋酱"，笔者有幸品尝过。

红楼梦第七十五回，老夫人道："今天我吃素，没有别的，只拣了一样椒油纯斋酱来。"彼时，看到这一回，挺哥就在思忖，这个椒油纯斋酱到底是什么食物？他反复揣摩当时的自然环境和饮食习惯，认定是一款全素的产品。在具体选型时，挺哥将目光聚焦在菌菇类的食材上。

中国菌菇类的主要产地，一在浙江，二在云南。挺哥把食材定型的目光放在浙江丽水的庆元县。该县是浙江最好的香菇出产地。食材选定后，要考虑的是味型的问题。挺哥请来了淮扬菜大师做这款椒油纯斋酱的味型定型。添加了各类辅助食材，又对辣度进行了多次调整，在口感上对于嚼劲的追求也是精益求精。当产品研发出来，大家一致认为非常好吃时，挺哥却提出了异议：我们要还原的是，《红楼梦》中王夫人的椒油纯斋酱。王夫人口中所说的是斋菜，而非素菜。虽然，我们选用了全素食材，但是离斋菜还是有距离。挺哥说，中国人所谓的斋菜，必"忌五荤三厌"，葱姜蒜韭菜等辛辣都不能出现。

于是，再一次的调味试制开始了。无数次的增减调整后，色香味俱佳的椒油纯斋酱，呈现在人们面前，赢得市场欢迎。

大凡文人吃货多，能动手制作者少。挺哥不仅爱吃，也爱动手。他和一群志同道合的年轻人成立了拾六盏（上海）网络科技有限公司，专司传统美食产品的研发、生产和营销。其思路是：使用原产地、可溯源的优质食材，并通过历史典籍和民间获取灵感，制作出各式各样的佐餐食品。

细算起来，挺哥有着浓厚的创业基因。其爷爷1920年从宁波来到上海创业开办昌记南北货行。那个年代，昌记南北货行也算是一个响亮的字号。如今，挺哥重拾祖业，是传承，然而，他并没有简单地走爷爷的老路，而是在传承中创新。去芜存菁，找到经典老味道，赋予当前消费升级环境下的文化创意和社群营销，让消费者在享受经典美味产品同时，获得非凡的品牌和文化体验。

昔日，人们在吃馄饨或者吃菜饭时，都喜欢放上一勺猪油来提香。随着饮食结构的变化，猪油已不再被人们所重视。然而，挺哥逆向思维，执意开发一款全新的猪油产品。

在挺哥的愿景中：雪白的猪油里夹带鲜红色的火腿丝，舀一勺在热气腾腾的面条上，白色的猪油随着热气慢慢融化，而鲜红色的火腿丝停留在了面条的表面，散发着火腿特有的香气。然而，要实现这一梦想，必须要有顶级的猪油和顶级的火腿作为支撑。

挺哥慧眼独具，选择云南宣威乌金猪板油作为熬制猪油的原料（乌金猪板油价格是一般猪板油的3倍），再选取宣威当地2年以上有云腿之称的老火腿，刀切成块，手撕成条，在猪油熬制同时，放入锅中，火腿特有的香气就加入了猪油中。白里透红的"宣威云腿油"诞生。

目前，十六盏有12个系列产品，共30个SKU。挺哥透露，最具上海特色的小葱油开洋和蟹肉辣火酱已闪亮登场。

挺哥的思路很奇特，他希望消费者对十六盏的产品，能在多种场景下自由发挥：可以是一个人吃饭时，用来节省时间的佐食；也可以是朋友聚餐时，用来烹饪特色菜肴的助手。

2017年5月16日，上海浦江饭店。"用一夜聆听百年，用一年创造新生"，当晚，创新味业品牌十六盏——"新生的荣耀"周年庆典暨答谢会举行。

活动以沙画的形式生动回顾了十六盏过去一年的历程，从品牌的推广、供应链的完善、产品的创新、线上线下销售渠道的整合等诸方面，诉说了十六盏从诞生到小有名气、到创新传统美食的过程。

　　一年来，挺哥和他的同事们驾驭着美食、时尚和文创"三驾马车"，秉持"弘扬传统美食新生力"之初心，不断以创新传承经典。挺哥直言，我们赋传统以新，我们承传统之髓，以崭新的品牌、非凡的文化创意、改良的配方和工艺，以及一如既往的美味，重塑经典，赋予十六盏源源不断的品牌力。短短一年，十六盏入驻ole、盒马鲜生等知名超市，和一条、小红书等几十家互联网渠道开展合作，获得了"上海特色旅游食品"、"上海最受消费者喜爱的优礼产品"等荣誉。

　　互联网时代，人们注重追求味觉体验之外更为精致多元的消费需求。挺哥深谙个中真谛，他们研制的每一款产品原料都有来头，名称都暗藏典故。

　　有别于传统味业产品，新锐品牌十六盏不仅汇集美味、时尚、文化于一身，为消费者带来高端不凡的味觉和文化体验；同时，通过一系列优质互联网内容的输出，对品牌信息予以传递，用有温度的声音，有故事的味道，以更加生动和走心的方式来完成品牌的塑造。

　　挺哥从来没有把十六盏看作一门食品生意，它是一件文化、艺术、商业相融合的作品。希望它能成为留给这个城市的百年精品。

　　谈及未来，挺哥坦言，将继续运用互联网优势整合传统味业，在极致口味的继承与创新、文创与地域美食文化的承载、设计与视觉的巅峰突破、产品品类和组合的无边界搭配创意、适应不同消费场景的产品升级、定制与跨界等方面，为传统美食注入创新发展新生力。

　　挺哥是一个有趣有故事的潮人，在他的筷笔精彩演绎下，相信《吃不到》微信公众号会火，十六盏产品也会源远流长。

（文/炅　雍）

飘香玫瑰情方好

八月上海，酷暑难耐，稍一动弹，便汗流浃背。独坐书房，望着天花板发呆。好友——崇明横沙岛悦采香玫瑰农场村长，带着一瓶玫瑰低度露酒推门进来。开盖，浅饮，入口绵柔、花香入腔、爽口润滑、通体舒畅，心里的那股烦躁随之烟消云散。

村长告诉我，这酒是上海飘香酿造股份有限公司（以下简称"飘香酿造"）和上海悦香农业种植专业合作社联合研发的。殷殷的红，浓浓的香，下肚暖身、喝醉不上头……

陪同村长一起来的沈国东，是飘香酿造的董事长，一个熟谙酒事、说话风趣幽默的男子。谈及酒的魅力，沈国东诙谐地诵出了一首打油诗：若梦若醒，飘飘欲仙。让天地颠倒，让世界旋转。把人类历史，浇灌的跌宕起伏。将琴棋书画，熏染的色彩斑斓。愁也要你，喜也要你。

因为厂址设在崇明，沈国东自诩自己是个新崇明人，他说，崇明人是在酒精里泡大的。据考证，崇明老酒已有1000多年历史。论酒量，崇明人很谦虚，都说自己不会喝酒，但随之又跟了一句："我们从小渴了，是用碗舀酒解渴的。"

崇明老酒分米白酒和烧酒，米白酒就是崇明老白酒亦叫米酒；烧酒就是酒精度数高的白酒。目前，上海包括飘香酿造在内仅有三家企业拥有白酒生产许可证（其中，飘香酿造又是全国为数不多同时拥有露酒生产许可证的企业之一）。

我国白酒分酱香型、浓香型、清香型三类，飘香酿造是一家以营养型果露酒为主，以海派小曲清香型白酒、保健酒、精制米酒为辅的酒类生产企业，注册品牌有"青草沙"、"艳阳春"两大品牌，年生产能力达万吨以上。

沈国东是一个完美主义者。做事讲究极致、臻美。1999年，企业刚成立，在选择厂址时，执意选在远离上海陆地，交通不方便的崇明岛。

他说，生态是美酒的底蕴。没有好的生态环境，要酿造出美酒，犹如痴人说梦。好酒是"天时地利人和"的智慧结晶，原粮、水源、曲药、窖池、大师……每一环节，都倾注着水、时间与人类的心血，使酒液自然产生一种令人心旷神怡、幽雅细腻、舒适愉快的陈香香气，最终成就了飘香酿造不可复制的醇厚滋味。

在沈国东看来，他们用极致的标准追求最卓越的品质，不仅是为了品味美好，还为了带给消费者最佳品质的享受。当消费者斟上一杯飘香酿造的酒，轻抿、入喉、回味、沉醉，清香突出，酒香回荡，这杯酒从此便有了新的意义。凭借此，飘香酿造在竞争激烈的白酒市场稳稳占有了一席之地。

目前，公司在崇明现代农业园区有占地45亩的酒类生产基地。沈国东的愿景是：在崇明打造世界级生态岛得天独厚的生态环境下，将企业打造成绿色生态、营养健康型、崇明区重点支持的生态酿造企业。

盛夏，从银川城出来，不多时，就能看见横亘千里的贺兰山。稍远处，享誉海内外的中国枸杞之乡——中宁县，像一颗璀璨的塞上明珠，镶嵌在美丽富饶的宁夏平原南部。

此刻，沈国东一行顶着骄阳行走在中宁县的田垄上。

沈国东是一个不甘于满足现状的创新者。尽管飘香酿造的清香型白酒，在国内市场深受欢迎。但勇于开拓的他并没有沾沾自喜。

他敏锐地发现，随着人们健康意识的加强，消费者正在以自己真正需要的保健养生功能、品质及文化等元素，作为自己选择产品的依据。

沈国东决定顺应潮流，开发"定位精准人群，专为健康打造"的枸杞酒。于是，也就有了上述中宁之行。

之所以选择宁夏中宁，沈国东的理由是：中宁县是世界枸杞的发源地和正宗原产地，中宁枸杞素有"红宝"之称，已有600多年的人工栽培历史，从《诗经》到《神农本草经》，从《本草纲目》到《中华药典》，从孙思邈到李时珍，从刘禹锡到陆游，都对中宁枸杞有过药理论述或文学描述，自古就有"中国枸杞出宁夏，中宁枸杞甲天下"的美誉。

中国饮用枸杞酒的历史由来已久。唐代，枸杞成为酿造养生保健酒的主要原料。元明时期，枸杞酒在钦定13种宫廷御酒中名列前茅，作为宫廷御酒专供贵族享用。

沈国东开发的青草沙牌枸杞酒，以宁夏枸杞和小曲清香型白酒为原料，小曲清香型白酒与枸杞的结合，使枸杞的一些营养物质和药用成分更好地溶解在酒中，让人体得到更好的吸收。有人很诗意地说，入口的那一霎那之间，小曲的清香与枸杞的果香融合在味蕾之中。香醇、柔和、优雅独特的口感，白酒发酵保留枸杞营养到极致，酒助药势，药借酒力，现代工艺精制而成，健康就在一杯之中。

沈国东信奉：最美的事物，酝酿最美的人生。继枸杞露酒成功之后，他又将目光瞄准了玫瑰露酒。并将之定位为：色、香、味、美俱佳，以适于佐餐为主，满足不同消费者（尤其是女性消费者）的口味，更加贴近消费者的大众需求，符合新消费的概念。

什么叫玫瑰露酒？是玫瑰勾兑的酒精，不是。

崇明横沙岛，悦采香玫瑰农场种植基地里的玫瑰花，便是玫瑰露酒的精

髓。遍野的玫瑰花，让人心情愉悦。风吹过，花香阵阵，站在花丛中可以轻易得到嗅觉上的满足。然而，人是一种追求上进，永不满足的高级动物。把美好的事物化身成为味蕾上那一丝的跳动，从舌尖到食道再到全身，那将是怎样一种享受！崇明横沙岛，独特的气候，优质的水资源和土壤孕育着别样风情的玫瑰花，酿造出别样风味的酒。

资料显示，露酒作为我国的传统酒种，较完善地发挥了中国特有的"药食同源"的理论与实践经验，是集滋补、保健、佐餐、饮用于一体的传统饮品。可以说，凡是中医能够入药的品种，基本上都能按照生产工艺生产露酒。

沈国东坚持这么一种观点：玫瑰花露酒的品牌建设，必须要注重产品自身的品质。要么不做，要做就做最好的。在这种追求完美的理念支撑下，他携手同为追求有机生态理念的崇明横沙岛悦采香玫瑰农场，研发了"悦采香"玫瑰露酒。

沈国东说，之所以选择悦采香玫瑰农场，是因为他们拥有250亩法国食用玫瑰花基地。"玫瑰"在全世界有一万多个品种，中国有500多个品种，长三角地区有400多个品种，但是大多为"观赏玫瑰"，食用玫瑰却不多。根据国家卫计委的公告，能作为普通食品生产经营的是重瓣红玫瑰（Rose rugosa cv.Plena）。

"活血理气、平肝解毒，对噤口痢、乳痈、肿毒初起、肝胃气痛"，这是《本草纲目拾遗》对食用玫瑰花的疗理功效的记载。食用玫瑰鲜花不仅可驻颜美容，同时可供给人体营养和医疗价值。营养专家对食用玫瑰花进行微量元素分析，结果表明，其含有更丰富的营养元素，具有较高的保健价值，食用玫瑰花味甘微苦、性微温，归肝、脾、胃经，芳香行散，具有舒肝解郁和血调经的功效，是天然健康的滋补佳品。

在研制过程中，饮食、酒类的一些行业专家，也纷纷提出了自己的真知灼见。在这些专家的指导下，玫瑰露酒，尚未面世，便在业内获得颇好的风评：一是口味好；二是营养补益功能和寓"佐"于"补"的效果，非常符合现代消费者的健康需求。被誉"海派XO"。

一位业内人士品尝后深有感触地说，很多人都知道玫瑰的娇艳和美丽，然而却鲜有人知道玫瑰酿成酒后的柔和。娇媚的玫瑰化身诱人的液体，那是经过了多少次的蝶变，起开的那一刻香气扑鼻，让你陶醉。轻轻抿一口，回味无穷。透过玫瑰酒，我感受到了不一样的养生之道。我的性情，在酒的柔和里，得到了熏陶。

"崇明生态秀中华，玫瑰飘香待君来。"八月的色彩，在田野上翻涌，金色的稻浪迎风起伏；在天地间升腾，映照着洁白的云朵，叠映在忙碌的身影里；抚摩着耕耘的喜悦，期待着秋天的收获。对沈国东来说，这一切还仅仅是成功的开始。他们希望在自己有生之年，为人们开发酿造出更多更好的保健型美酒。

（文/戴　楠）

梦想缤纷筑"糖城"

桌子上放着两包糖，一包是糖城牛轧糖，另一包还是糖城牛轧糖。这种牛轧糖软而不粘，甜而不腻，低热量、低糖、无添加剂，是极好的休闲食品。

在牛奶糖中，糖城这个品牌我一向都很喜欢。这次买了两包，都是21粒装的，金红相间的色调、精致的外包装，配上"咬上一口，满满都是奶香味"的广告语，诱惑着人的食欲和感官。在包装上，糖城也很用心。

说起来，我也是很久没有吃过糖城的牛轧糖了，因为这个品牌的糖果向来都是走高端路线。虽然，明知道这种糖果比别的糖果贵，可味道决定一切啊！想吃味道好的牛轧糖，就肯定要舍得花钱。当然，要是只买给自己吃，我是不太舍得的。这次买的牛轧糖，是给女儿的。因为女儿是我的最爱。

糖城牛轧糖有多种包装，不同包装的牛轧糖，口味有什么不同，其实我也不知道。我觉得应该是味道不同。买这两盒牛轧糖的时候，我让女儿自己仔细挑选。女儿对比过之后，就要了金红两色包装的牛乳糖。女儿之所以要这个，她说是喜欢这个包装的色彩和造型。

我是先知道糖城牛轧糖，再认识糖城牛轧糖的缔造者徐晓平先生的。

那是一个初秋的早晨，我正在整理一篇文章。同事说，徐晓平来了。见我一脸"懵"。同事说，徐晓平就是你最爱吃的糖城牛轧糖的"父亲"。

于是，在同事的拾掇下，我与徐晓平在办公室的一张长沙发上，随意地聊了起来。有的人相处一辈子，彼此还是隔着一层纱；有的人一见面，就推心置腹、交谈甚欢。我与徐晓平属于后者。

细究起来，我与晓平还有一段"北京缘"。我俩都在北京上的大学，可惜不是同校也不是同届，我比他早几年进京和离京。他在北京二外学的是外语，我在北京师大学的是哲学。毕业后，我们都不约而同选择了与专业毫不相关的工作。

我还算好，从事文字工作，好赖与专业还沾边。晓平呢，180度大转弯，辞去公职，下海去开创"甜蜜"的糖果事业。

外交官或者翻译官，与糖果企业的私企老板，这中间似乎有着千万里的距离？他是如何跨越这道鸿沟的？

围绕这一命题，我们两个原本不在一个频道的人，进行了"无缝对接"。

相比优雅游走在国际舞台上的翻译官，你每日忙得四脚朝天，后悔吗？

不后悔。晓平回答得很直率。

大学毕业后，晓平曾经有一个令人羡慕的职业：英语翻译。彼时，年轻、富有青春活力的晓平，很得领导青睐。在同事们都认为他会在这条路上一步一步走下去时，出人意料地，晓平递上了一张辞呈，下海去了。

他说，他是一个向善的人。总是希望能在力所能及的范围内，为中华民族的强盛做一些有益的事情。下海之初，他并没有很明确的创业方向。那时，他年轻气盛，并不畏惧于此。他说，他很信奉鲁迅先生的那句话，地上本无路，走的人多了，也就走出了路。

记得那年，他去台湾探亲，叔叔给了他一包台湾产的糖村牛轧糖作零食。叔叔说，晓平你太瘦了，多吃点糖。

叔叔是食品行业的翘楚，也是个美食家。他对晓平说，牛轧糖中含有牛奶的浓缩成分，同样具有牛奶的功效，能促进骨骼和大脑发育，是最"接近完美的食品"，人称"白色血液"，是理想的天然食品。

晓平接过糖果，浓浓的奶香味，甜度、松软度都很合适。原本很少吃糖果的晓平，半是听信了叔叔的话，半是对这种糖村出产的牛轧糖颇有好感，顿时就萌生了"将此引入大陆，让更多人分享"的想法。

当他将"欲作糖村代理"的想法，告诉一位熟识的台湾高僧时，这位高僧断然否决。高僧说，吃别人嚼过的馍馍，没有味道。既然你有这想法，何不自己开发一种产品，创立一个品牌！年轻人，爱拼才会赢啊！

高僧的话，如醍醐灌顶。晓平明白了自己究竟该如何做。

睿智的晓平，根据自己周游世界的经验积累，汲取世界各国同类产品之精华，结合中国的国情，立志将"做中国最好吃的牛轧糖"作为创业目标。根据市场调查，他将牛乳糖定位为：低糖、低热量、营养健康。

理想很丰满，现实很骨干。创业的路，波诡云谲。先不要说厂房、设备、人员招聘等一系列琐事，仅仅是一个产品配方调整，就前前后后多达10余次。

精诚所至，金石为开。样品出来了。晓平把糖拿给庙里的师父试吃。师父说，出家人不吃荤腥。于是，晓平尝试用植物奶油替代黄油。

又一次样品出来了。晓平请上海市食品协会的老法师品尝。老法师一尝，眉头锁了起来，随后吐出两个字：一般。没有特色，和同行糖果一样。

晓平没有气馁，按照老法师的指点，回去继续研制。否定，否定，再否定，接连10多次的否定后，老法师终于眉头舒展：这个产品好！

产品研制出来了，该起个名字。晓平绞尽脑汁起了个"糖味斋"的名字，很得意，并到国家商标局进行了商标注册。

又一次去台湾探亲，他再度拜见那位指点迷津的高僧。想不到高僧听到晓平说将牛轧糖定名为"糖味斋"时，连连说"NO"。高僧说，这个名字格局太小。一个格局小的人，做不成大事。中国在国外的城市都有唐城，不如取名叫糖城，意味着中国的糖果要走向世界，与国际名牌争高低。

晓平是个做事情干脆利索的人，当即就按照高僧的点拨行事。

问及为何将创业的起点放在牛乳上？晓平直言，牛奶在增强国民身体素质中起着至关重要的作用。第二次世界大战前，日本人身躯矮小，被人戏称为"小日本"。战后日本政府大力发展奶牛业，增加牛奶供应量，改善膳食结构，至1992年，人均消费牛奶量达到68千克，国民体质显著提高。

牛奶之所以会有如此神奇的功效，归因于它所含有的独特的营养成分；牛轧糖则是构成脑及脑神经组织的糖脂质的重要成分，对婴幼儿及青少年的智力发育有重要的促进作用。英国前首相丘吉尔曾说："没有什么能比得上给儿童提供牛奶更重要的了。"

牛奶也能为老年健康长寿助一臂之力。人到老年，身体的基础代谢速率降低，消化能力和合成能力也"今非昔比"。牛奶中含有品质极佳的蛋白质和人体必需的氨基酸，其中有一种成分还能抑制胆固醇生成，很适合老年人需要。

糖城纯手工牛轧糖，原料来自新西兰、欧美。烘焙过程，不添加任何添加剂和香精，邀请台湾手工制作大师进行技术指导。成本提升了，但，晓平认为，为了消费者能吃上"放心美食"，一切都是值得的。

糖城牛轧糖在市场上如此火爆，供不应求。

前不久，在成都一家五星级酒店，一位住在行政楼里的美国客人愤愤不平地投诉，为何买不到糖城牛轧糖？原来，这家酒店规定，凡是住在行政楼的客人，客房每天免费供应一包糖城牛轧糖。这位美国客人边看电视边吃牛轧糖，不一会儿就将整整一包21粒全都吃完了。他还想再吃，于是跑到楼层服务台去买。服务台告知，行政楼区没有商品部。美国客人一听不满了，就投诉到总台。总值班带来他所需要的牛轧糖，并告诉他，如再需要可以到底楼商场去购买。美国客人羞赧道，麻烦你们了，实在是这种糖太好吃了。

北京一家五星级酒店的老总和她的助理自称为了防止发胖，从不吃牛轧糖之类的高能量糖果。一次酒店例会，会议桌上放着一包包糖城牛轧糖，她俩视若无物。会议时间一长，助理为防止低血糖，不得已吃了一粒。想不到一吃，就停不下来。总经理见了，感到诧异：她怎么啦？忍不住，也伸手去抓了一粒。不一会儿，总经理将面前的糖城牛轧糖，都归拢到自己面前，像吃盐炒豆一样，一粒接着一粒，不一会儿就消灭了一整包。董事长搞不明白了：你不是从来不吃牛轧糖的吗？总经理嘴里一个劲地吃，笑而不答。

说来，可能谁也不相信，糖城牛轧糖如此畅销，居然不赚钱。"你是赔本赚吆喝？"我纳闷道。晓平说，赔本谈不上，只是微利而已，做这款产品的本意是造福人们。只要消费者满意，我也就安心了。

糖城，浓浓的奶香味。用爱心做事，用感恩心做人！

（文／唐　成）

一诺千金在"巧"心

前几天，朋友送给我一盒会说话的巧克力。与常规巧克力不同的是：这款巧克力有互联网技术相助，巧克力的购买者可以把心里话录制到巧克力的盒子上，寄送给友人，友人收到巧克力后，通过微信扫一扫，就能听到寄信人的心声。朋友说，这个是2016年巧克力市场相当红火的"撩妹神器"。

当"互联网+"遇上"巧克力"，"零嘴"也变得"高大上"。这招高！传统巧克力，更多的是从"好吃"、"好看"的角度进行产品开发与改进。当下，巧克力制造业竞争激烈，各家产品差异逐渐缩小。随着社会的进步，仅有"好吃"、"好看"，是难以打动消费者的。

百诺此次可谓另辟蹊径，联合苏州友商软件，打造了这款"会说话的巧克力"，把购买巧克力的"消费者"通过互联网升级为"用户"。"消费者"是指购买巧克力后进行享用消费，"用户"是购买巧克力后除了享用，还能通过巧克力进行人与人之间的互动交流，例如，通过巧克力向对方表白。

据说，2016年的情人节，不少情侣收到了这种会说话的巧克力，由此成就了许多姻缘。细究起来，每个会说话的巧克力，背后都有一段动人的故事。

其实，巧克力本身，也是有故事的。

词源学家对"巧克力"一词追根溯源，认为它来自阿兹台克语中的"xocoatl"一词，指的是一种由可可豆酿制而成的苦涩饮料。

赤道附近的古代中美洲地区，生长着果实可以制作巧克力的可可树。16世纪初，航海家哥伦布第四次出航，经过这片土地时，惊奇地发现：一种植物的果实——可可，已经成为"货币"。在集市上，一个奴隶的标价约为

2100粒可可豆。他用自己携带的东西，向当地的印地安人换了一些可可豆，并将它们带回西班牙。可是，当时的欧洲人，对可可（果实）并不感兴趣。他们，只是有时用可可提神，或将它作为利尿的药品使用。

到了16世纪20年代末30年代初，可可在欧洲倍受欢迎，一时供不应求。究竟是什么原因让欧洲人重新认识了可可？原来，起因是一则具有传奇色彩的故事。

1519年，以西班牙著名探险家科尔特斯为首的探险队，进入墨西哥腹地。队伍走荒漠，涉涧水，穿密林，历经千辛万苦，到达了一个高原，前方的路还很长，队员们腰酸背痛，筋疲力尽，一个个横七竖八躺在裸露的土地上，任清风吹走身上的疲劳。正在这时，山下走来一群印第安人。他们几乎裸着身体，赤着脚，只用树叶和草之类遮盖。

友善的印第安人，见科尔特斯他们一个个无精打采，于是打开行囊，取出可可豆，将其碾成粉末，放入罐中，再注入水，将罐架在火上烧，直至水沸腾，加入一些树汁和胡椒粉。顿时，一股浓郁的芳香，立即在空气中弥散。印第安人打着手势，叽里呱啦地对科尔特斯说着什么。

科尔特斯一边向他们道谢，一边接过罐。他尝了一口："哎哟，又苦又辣，真难喝！"考虑到印第安人的礼节，科尔特斯和队友们，每个人都像喝药水似的，喝了几口。

不可思议的是，不一会儿，探险队员们好像获得了魔力一样，精气神很快恢复。惊讶万分的科尔特斯连忙向印第安人打听可可水的配方等情况。印第安人告诉他："这是神仙饮料。"

1528年，科尔特斯回到西班牙，向查理五世国王，敬献了被印第安人称为"神仙饮料"的可可。不过，考虑到西班牙人的饮食特点，科尔特斯在产品的配制过程中，用蜂蜜代替了树汁和胡椒粉。

情人节、巧克力，这两个词放在一起，就是"甜蜜"。可是，对于想出这个创意的莫洛佐夫家族来说，这段回忆却是百味杂陈。

1917年，俄国爆发革命，商人费奥多尔·莫洛佐夫携家眷逃往哈尔滨。之后，他辗转搬了几次家，最后跑到日本神户落脚。20世纪初，日本正处于快速西化的时期。费奥多尔看准了民众对西方生活的向往，开办了一家以巧克力为主的西式点心店。

从南美洲传到欧洲的巧克力，原来是一种加糖的热饮料，据说是由叶卡捷琳娜二世带到俄罗斯的。在俄罗斯寒冷的冬天里喝杯热巧克力，简直是无比惬意的事情。很快，巧克力就在俄罗斯贵族间流行开来。19世纪中期，与欧洲同步，俄罗斯也开始生产固体排块的巧克力。俄罗斯人把丰富的想象力运用到巧克力的发明中，把各种酒、杏仁、蜜饯、葡萄干作为馅料填充到巧克力里面，做出独具俄罗斯特色的美味糖果。

俄罗斯人有句俗语：好生活就像一切都覆盖着巧克力一样。莫洛佐夫一家把甜蜜的巧克力带到日本。不仅招揽了一些从白俄罗斯来的流亡者做点心，还让长子瓦伦丁退学回家帮忙。1926年，莫洛佐夫糖果公司开张。

1936年2月12日，情人节的前两天，莫洛佐夫糖果公司在英语读物《The Japan Advertiser》上刊登广告："将莫洛佐夫的精美盒装巧克力作为情人节礼物，送给你的爱侣。"巧克力店老板从儿子的名字（Valentine）与情人节（S.Valentine's Day）的巧合中，想到了一个天才的营销广告。正当莫洛佐夫雄心勃勃地准备大展拳脚时，日本人却在背后狠狠"捅"了一刀，硬生生将莫洛佐夫父子挤出了公司。

如今，包装精美、大卖特卖的Morozoff情人节巧克力和当年的莫洛佐夫一家毫无关系。

朋友说，"10多年来，我一直就爱吃百诺这个品牌的巧克力，不仅仅是它的味道对了我的胃口，更是由于它的名字"。人应该信守诺言，对于食品生产企业而言，更应如此——不因语境、环境，而改变自己对消费者的承诺。"打造中国最好的巧克力"，对此，百诺食品做得相当不错。被评为上海市著名商标、上海市名优产品，已跻身上海及周边地区销量排行榜且名列前茅……百诺的"成绩单"杠杠的。

不过，相比"会说话的巧克力"，我更喜欢百诺789夹心巧克力系列产品。这款巧克力采用优质可可脂原料，经先进的巧克力研磨设备制成，内芯则分别是含有牛奶或榛仁巧克力的软夹心，让每一口都是柔软丝滑的感觉。产品包装采用非常有质感的铁盒，既便于密封储存，也适合作为甜蜜的小礼物送给特别的他（她）。

去年，上海迪士尼乐园开业，百诺抓住时机，与迪士尼合作，推出"米奇"、"公主"、"维尼"、"总动员"、"漫威"、"星球大战"形象的数十款巧克力。铁盒上，米妮、米奇等卡通形象萌态十足，生动吸睛。

朋友说，她曾为孩子买过这款产品，"连巧克力上也印着卡通形象"，那盒巧克力给孩子带来了很多欢乐。她自己则比较喜欢百诺的"夜上海"系列，铁盒有着磨砂的触感，画面中的上海景致是低调的奢华。作为礼品，百诺开发的这些系列产品，丝毫不失上海本土风情和国际都市气质。

今年春天，朋友一家去顾村公园赏樱，发现其中一个景点是"百诺巧克力工坊"。在孩子的央求下，朋友一家进去体验了一把。他们先挑好模具，然后洗手，接着挤巧克力，再放入传送带冷却，最后把凝固的巧克力"敲"下来，作品完成！孩子的表情很兴奋，与电影《查理的巧克力工坊》有共通之趣。出门时，朋友还在巧克力超市，买了一大包麦丽素——那黑黑的圆豆子，仿佛吃上一颗，就能重返少年时代，遇见美好的初恋。朋友说，那时，每天早上，我都会收到他的问候，课桌上一片绿箭口香糖，一本《青年文摘》，或者一块百诺巧克力，更多的是一包百诺麦丽素。

麦丽素，我记忆里珍贵的黑珍珠啊，每次总舍不得一口吞下去，慢慢让巧克力在口中融化，然后狠命地吮吸里面的麦心！甜到骨子里！刚觉得要把浓烈的香醇吸出来，就戛然而止，一颗就这么消失了……再丢一颗入口，循环往复，妙不可言。

目前，百诺牌巧克力和麦丽素全国销量成绩不俗，产品出口至英国、法国、美国、澳大利亚、日本、新加坡、香港等国家和地区。

"同样口味，中国制造。"是百诺的梦想和信念。虽然食品制造这条路竞争激烈、荆棘丛生，但百诺甘愿俯下身来，传承"工匠精神"，践行伟大的"美味事业"。

（文/白　娜）

这份爱情像水晶

　　秋高气爽，阳光灿烂。他脚步轻盈地走进位于大兴街的吉买盛超市，在食品区域挑选了几盒上海台尚食品有限公司生产的果冻，返身，到收银台结账，然后到邮局，打包快递给远在云南边陲支教的她。

　　几乎每个月，他都要重复这样的动作。

　　果冻是一种西方甜食，呈半固体状，由食用明胶加水、糖、果汁制成。亦称啫喱，外观晶莹，色泽鲜艳，口感软滑。果冻也包含布丁一类。相传，清朝末年，形成一股西学东渐。在欧风美雨中，果冻也随着西洋货进入了中国。

　　他和她相识相恋，源于果冻。高中时代，她是班里的学习委员，他是班长。在班委会上，她总是边发言，边用调羹优雅地吃台尚果冻。她振振有词地说，她喜欢台尚果冻那口感柔韧、爽滑的感觉。边吃边开会，这是一种情调。

　　黄桃味蒟蒻果冻、香橙味果C冻爽、菠萝果肉果冻、蓝莓味优酷果冻、果汁果冻、葡萄味蒟蒻果冻、芒果味果粒吸的冻果冻、香橙椰果果冻、荔枝味果冻、苹果味天天吸果冻爽、什锦果冻……对于台尚果冻的各种口味和品种，她了如指掌。

　　看见她吃果冻时萌萌的样子，他不由自主地朝她投去一抹微笑，她报以一个甜甜的狡黠眼神。此后，在一次逛商场的时候，他看到一种与众不同的果冻，竟然鬼使神差地伸出手，抓在手里，结账走人。第二天，他早早来到学校，将果冻偷偷放进她的课桌。上课铃响前，她走进教室，坐下，发现课桌里的果冻，不无疑惑地张眼四望，当她与他的目光对视时，碰撞出一种唯有他们知晓的火花。

　　此后，他总是送她各式台尚果冻，她也不拒绝。久而久之，他们相恋了。当时，他们这种早恋行为很不为人们所赞同，甚至在一些人眼里是"大逆不道"。

初恋是青涩的，也是甜蜜的。大学毕业时，她毅然选择了去云南边陲乡村支教。临分手的那天晚上，他给她带了满满一旅行袋的各式台尚果冻。并讲述了一个关于果冻的故事：

故事中的总经理原来不是从事食品行业的。只因他有一个活泼可爱的女友，女友爱吃一种叫做果冻的食品。每次约会，他都会为女友准备好各种形状各种颜色的果冻布丁。

有一回约会，他因为过于勿忙，加之附近的食品店果冻布丁正巧断货，没能买到女友爱吃的果冻。见面时，女友赌气离去。为了满足女友这个小小的要求，他立即打出租车找了数家食品店才买到那种叫作果冻布丁的食

品。待他回去找女友时，他才知道一场意外的车祸夺去了女友年轻的生命。他后悔不迭，心痛不已。从此，他放弃了已略有成就的事业，改行做食品，专门开发一种心型的果冻布丁，并给它取了一个好听的名字——"水晶之恋"。

这位总经理说，之所以这么做，是因为在他看来，虽然他未能在女友生前满足她小小的愿望。但，他将用自己的一生去做一份事业弥补这份遗憾。水晶之恋果冻布丁，为喜欢吃果冻的恋人们准备，代表浪漫与美满。总经理说，这么做只是因为曾经深爱过。

他则说，之所以送果冻给她，与上述这则故事一样，他是真正爱她。希望他俩之间的爱情纯洁无瑕，绵绵无绝期。

她听着，泪水在眼眶里打转。幽幽地说，她是一个爱梦想的人，曾经梦想着心爱的王子，会拿着"心水之物"出现在眼前。一叶知秋。看见他悄悄地买了台尚那种有果肉的果冻，放进课桌抽斗里时，很是感动，当即在心里暗暗发誓："将来一定要嫁给这位主动给我买果冻的他。"

闺蜜得知后说："好没出息，一个果冻就把你打发了。"

每次，当她拿到他送的果冻时，都会想起这句话，心里会涌上一股甜甜的滋味。个中美好，唯有他俩自知。

他忽然发现，每个女孩都是天使，她们的心底是如此的晶莹剔透，犹如果冻。她们用纯真的心灵净化着这个世界。也许随着年龄的增长，她们觉得

失去了以前的那份纯真，但是当梦想成真的时候，她们可以激动得像个小孩子一样。

在支教的乡村小学，她将他送的果冻全部分发给学生。乡村的孩子是第一次见到这些五颜六色的好吃的果冻，迫不及待张大嘴巴，咀嚼起来。"慢点吃，慢点吃。"她看见有几个年纪小的学生，将块状的小果冻连同包装盒一起吞食，她赶紧上前，帮助他们拆掉外包装。此事，触发了她心底的"爱之弦"。晚上在与他通话时，她要求他速递一些台尚生产的什锦水果吸果冻。

台尚生产的这种什锦水果吸果冻，设计具有浓郁的人文关怀，相对于容易被儿童连包装盒一起吞食的块状小果冻，这种以软管吸食方式入口的包装方法更为安全。

科技进步，使软管技术的运用越来越广泛。炼乳、芥末等非固态调味品的包装早就运用了该项技术，正在进行着多元化发展的果冻包装，在软管包装的技术上有新突破。传统观念认为，软管做出的东西相对低档，如果使用透明无色的外包装难以出彩。对于食品而言，为达到其满足人体健康需求的目的，直接接触层的塑料包装理应透明无色。为解决这一矛盾，台尚食品的什锦水果吸果冻，从最内层的无色透明包装，到中层的独立柱型包装，再到半透明的外包装，采用了多层次格局。强调中层包装设计，以橙色和粉紫色为主色调，绘制了各种水果图案，透过外包装的透明部分，看到中层包装的精彩设计，仿佛从视觉上就能感觉到最内层有着分外香甜爽滑的水果美味。

水晶之恋，不仅代表着他和她，代表着年轻一代对爱情的憧憬，而且，蕴含着什锦水果吸果冻研发人蔡振烘对祖国的拳拳之心。

蔡振烘是台湾云林人，祖籍福建，其家族自祖父辈起就经营五谷杂粮的批发生意；父亲姓蔡单名"尚"，台尚体现了父子连心，子承父业的殷殷

之情；"尚"字代表始终坚持"堂堂正正"做人做事，穿着端庄的衣"裳"，让自己和别人"赏"识。

上世纪八十年代，身在宝岛台湾的蔡振烘，从各种新闻媒体里感受到祖国大陆的变化，渴望到大陆来发展。从1989年春夏开始，蔡振烘先后到广州、深圳、上海等城市

参观考察，经过比较与论证，觉得上海不但市场大，消费群体适合，政策法规健全，整体投资环境良好，而且生活环境与台湾较为接近，便选择上海创业。

1994年7月1日，蔡振烘在家人的支持下，在上海七宝成立上海台尚食品有限公司。彼时，蔡振烘赋予"台尚"更深层次的含义：台尚——"台湾和上海"的合作，是广大"台商"的谐音；"台尚"是人格高尚、时尚食品的代言；是品质至上、立足台上、蒸蒸日上的象征；"台尚食品"是有良心的兄弟团结在一起，共创"民以食为天"的荣光。

蔡振烘将创业的目标定位于：沙琪玛、果冻、糖果、巧克力、软面包、鳕鱼味香丝等休闲食品。围绕此，"台尚"在上海生产并投放市场的食品，秉承台湾原有品牌，与大陆食品相比，不仅口感精致，且格外酥香，一投放市场，就颇受上海市民欢迎。

公司创业之初，各方面条件都很艰苦。蔡振烘既是公司的管理员，又是业务员，有时还充当送货员。每天的工作都排得满满的，为了与经销商建立良好的诚信合作关系，有时就算经销商只订一箱货，蔡振烘也会亲自蹬着三轮车把货送到。

蔡振烘对事业的追求，犹如晶莹剔透、五颜六色的果冻，无瑕无私、诚实守信，用玫瑰色的梦想，编织着食品王国美好的画卷。

此刻，远在云南边陲农村的她，正在课后与学生们一起玩"击鼓传花"的游戏，奖品是他从上海寄来的台尚果冻。她说，她喜欢这果冻，因为它给乡村带来了不一般的活力和笑声。农村的条件简陋，有许许多多城市人不能想象的艰辛，是爱，使她无怨无悔地坚持着，而这跨越千山万水而来的台尚果冻，就是爱的信使和精灵。

横看成岭侧成峰。这一颗颗果冻，蕴藏着一个个美丽动人的故事。在不少人看来，这不仅蕴含着童年的欢乐和回忆，还有纯美的爱与情，寄托着追求与理想。

（文／新　竹）

有礼有节有元祖

听闻地球上有种好吃的元祖雪月饼,星星王国的国王派出他的手下——调皮的脱兔,还有达达,一起到地球寻找这种传说中的美妙的月饼。

脱兔和达达飞呀飞,穿过了银河和陨石,还经过了好几艘宇宙飞船,他们抵达的时间正好是地球上的中秋节,好多人都在享受元祖雪月饼。他们一路上跟着"好吃、好吃"的称赞声,很快就找到了元祖月饼饼屋。他们两个认真地挑选着雪月饼,"宅配"到星星王国。

好不容易把上海元祖雪月饼用保冷袋送出,达达突然大叫:"元祖雪月饼都送走了!我们没有吃到啊!"脱兔露出神秘的笑容,从背后拿出一盒元祖雪月饼说:"我早就想到啦!"

达达喜出望外,马上跟脱兔"喀滋喀滋"地吃了起来!

圆满完成任务,又吃到了超级好吃的雪月饼,脱兔和达达心满意足,摸着圆滚滚的肚子,在农历八月十五的圆月下,微笑着睡着了……

这个童话故事的创作者就是元祖董事长张秀琬。在她看来,中国的每一个节日,每一段习俗,都已传承几百甚至几千年。在中国传统文化中,饮食文化是构成中国传统文化的重要组成部分。从进入文明社会开始,中国饮食思想与中国文化共生共长,饮食不仅是满足口腹之欲的个人行为,也是礼制精神的实践。饮食文化背后蕴含着丰富的文化内涵,比如过年吃年糕,是讨节节高的彩头;节日吃蛋糕是对未来的祝福;中秋吃月饼意味着对阖家团圆的期许。

元祖雪月饼是中西文化的结晶,用中国源远流长的中秋文化,结合西方年轻一代最喜爱的冰激凌产品,以高科技为媒,凝结而成。同时,元祖把雪月饼的伴侣——"脱兔"和"达达"结合在一起,演绎了一场中西文化交织的故事，开创了月饼营销新境界。

元祖雪月饼自2004年推出以来，即以独家工艺、豪华口感、健康诉求，形成了中秋佳话，在上海乃至全国刮起了"冰凉好个秋，元祖雪月饼"的旋风，并以连续4年的上佳业绩一跃成为元祖的代名词。

"演绎民俗，创新传统"是元祖不变的理念。出于对中华礼俗文化的传承，元祖通过商品来传递中华文化内涵，并努力坚持创新之道。

张秀琬上世纪50年代出生于台湾南部屏东的农村，4岁时父亲过世，家中有6个兄弟姐妹，其中只有张秀琬读完中学。她16岁从职业学校毕业后，就走向了社会。

张秀琬回忆童年：身上穿的是用农用化肥袋做的衣裤，屁股上印有净重15公斤的标记。上学时，鞋子经常提在手上，要等趟过水塘，走过石子路，才穿上鞋子进教室……艰苦的磨砺，成为张秀琬后来创业的巨大的精神财富。

1981年，在一家美国人开设的电讯公司管理着300多号人的张秀琬，辞掉了工作。以十万新台币起家，与丈夫在台北繁华的万华区开设了"如意堂"食品店，自产自销新鲜可口、乡土味浓的糯米团。

1982年，她和丈夫把店名改为"元祖食品"，产品品种呈现多样化，从单品种发展到系列产品，新增了多种小西点、喜饼、端午粽子、八宝年糕、芝麻饼等。她的连锁店越开越多，在台湾颇具规模。

但是，台湾的市场就那么大，追求发展的张秀琬只得走出台湾，到祖国大陆来探求新的机遇。经过近四年时间的考察，她选中了上海，委托上海的黄先生寻找合作方，自己则匆匆回台湾做准备。

黄先生很快发了一个传真到台湾，上面列了20多家有合作意向的食品厂，传真的最后有一行小字：张总，你会骑自行车吗？一周以后，张秀琬真的骑自行车穿梭在上海的徐汇区、虹口区的大街小巷，她在寻找合适的地块，准备设厂开店。

"元祖"初入上海，销售的是台湾传统食品糯米团，产品并不受上海人青睐。看到上海市场上传统的蛋糕食品的生产和包装后，她决心制作销售时尚蛋糕。

当四川北路上出现第一家粉红色的"元祖食品"时，行人还以为亮丽的店面是卖珠宝首饰的呢！

粉红的"元祖食品"不仅店面漂亮，而且率先在店堂用落地玻璃橱窗，把制作蛋糕的流程展现给消费者。此举立马引起轰动效应。真正与国际接轨的清洁、卫生的食品制作过程和漂亮的包装，吸引了精明的上海人，还有令人叫绝的"元祖雪月饼"，上海人称它为"冰激凌月饼"，尽管价格不菲，仍然成为沪上中秋佳礼，非常旺销。

"元祖"的粽子及其各类蛋糕，现今不但是上海的品牌商品，更是上海国际化标准的食品品牌。"元祖"食品以上海为基地，向全国扩展开去。如今，这块元祖红招牌已遍布五湖四海，家喻户晓。

有位南京网友在微博上说：第一次接触到元祖，是和男朋友，就是现在的老公。那一年春天，他们相约去紫金山下的白马公园广场放风筝，一路上有说有笑。路过太平门的元祖蛋糕店时，他们看见店里有不少人在买东西。凭经验，人气旺的东西一定好吃，她便拉着男朋友走进去。当时，真是眼前一亮，一块块精致的糕点摆放在橱柜，像一件件精美的艺术品，看着悦目赏心。

当时，她无从选择，热情的店员向她推荐了一款慕司蛋糕。或许是看到她并不苗条的身材，店员说是低脂低糖，不会发胖的。她选了一款"心水"的巧克力慕司，咬下一口，就觉得很是柔滑。作为"老吃货"，她感觉到元祖是真材实料，蛋糕中的每一层都有厚厚的夹心，不知不觉，一块美食下肚，香浓柔滑的感觉还在口中。从此，她便爱上了元祖的味道，记住了"元祖"的名字。

去年中秋节，坐在公交车上，一则精致广告吸引了她。定睛一看，原来是她喜欢的元祖。她立即拿出手机，给男朋友"派任务"：中秋节只收元祖雪月饼。

男朋友没有辜负厚望，中秋节带上元祖，来她家吃饭。饭后，一家人享受着元祖雪月饼的美味，又香又糯的酥皮，咬上一口"Q弹"的感觉。再咬一口，便是爽滑的冰激凌，滑而不腻，连不爱吃甜食的妈妈也连连赞叹这美味。嘿嘿，当时男朋友在一旁偷笑，终于送对礼物了。过了几天，一位同事给我吃了一块其他牌子的雪月饼，相形之下，味道显得平淡了许多。看来，元祖还是有"独门秘笈"的！

在元祖圣诞节的诸多宣传中，有这么一件礼物：一座精致可爱的小屋，有着多姿多彩的颜色，无论是其中的圣诞老人，还是砖瓦与窗户，都非常逼真，让人忍不住想变身"迷你族"住进去。这就是元祖的圣诞主题——姜饼屋。

姜饼屋又名糖果屋，外观有着童话的神韵，有着森林的气息。元祖姜饼屋香甜味夹有少许姜汁香味，有驱寒功效。物如其名，屋顶白色的雪状物和圣诞老人是糖制品，散放着的小礼物也是由糖果制就！

圣诞节期间，元祖的这个"营销创意"收效极佳。一些追逐时尚、热衷潮流的年轻人，会买回去给自己或恋人当节日礼物。一些家长也会为孩子购置它，通过可爱的姜饼屋，把他们带入童话王国，给他们一个"香甜"的圣诞节。

上海世博会期间，元祖牵手"世博"，向国际友人展示了中华烘焙的精华。2017阿斯塔纳世博会，再次发出邀请，元祖成为中国美食与文化馆全球合作伙伴。明星产品"旺来凤梨酥"成为官方指定伴手礼。

作为"精致礼品名家"，元祖向世界传达中华传统礼俗文化与节令美食礼品的理念，在世界人民面前展现中华五千年博大精深的美食文化，为开启"一带一路"中国美食文化之旅助力。

（文/元　镞）

众里寻"伊"千百度

有"大树华盖闻九州"之誉的天目山脉，已有1.5亿年历史了。峭壁突兀，怪石林立，峡谷众多，清泉潺潺，气候温和，多雨而潮湿，林木郁郁葱葱，云蒸雾绕，宛若仙境，人称"江南奇山"。

层峦叠嶂的优渥环境，养育着世界上最具规模的野生小核桃林。临安有500多年生产加工野生小核桃的历史，生产面积及产量占据全国半壁江山。

一颗来自那里的来伊份小核桃"说"：我的妈妈，是一棵100多岁的小核桃树。我不知道妈妈身体有多粗，只知道人类专程看望我们的时候，有不少人尝试一个人搂抱我的妈妈，但无论怎么使劲，双手从来挨不到一起。妈妈说，跟她差不多年龄的树，村里有1万棵以上，其中有棵年龄最大的树，三个人手牵手，都围不住。尽管百岁高龄，妈妈依然身姿峭拔，她说她正值壮年呢！

妈妈的根很长、很大也很深，盘踞着一大片山石和土壤，每天恣意吸收着地母丰厚的养料，呼吸着清新的空气，将营养源源不断供给我和我的兄弟姐妹们。我在枝头翘首盈立，享受着阳光、雨露和妈妈的滋养，终于长成了直径3厘米的"壮小妹"。3厘米，还壮？拜托，你可千万不要把核桃与小核桃当作一样的产品啊！在我们小核桃家族，我是个不折不扣的"大个子"呢！

"白露到，竹竿摇，满地金，扁担挑"，当这首童谣响起的时候，在树上养精蓄锐的我早已成熟、饱满，和我的兄弟姐妹们随着竹竿的节奏跳到地上。因为有带着棱翼的外套（表皮）及坚硬内衣（内壳）的双重保护，你别担心我会摔得头破血流，我的五脏六腑和经脉血络依然完好无损！

传统小核桃仁的生产工艺只有十道，但来伊份决定将我们作为"贡品"，奉献给千千万万喜欢我们的"帝王"（消费者）。来伊份结合现代工业技术，将整个生产工艺提升至30道，严苛的标准让我们越发的"高大上"。在此，我只告诉大家一些重点环节和有趣的东西吧！

我们的外衣（果皮）叫"蒲"，去掉外衣的过程叫"脱蒲"，美其名曰"金核脱壳"，传统方法是木磨脱皮，现在几乎家家户户都有电动脱壳机，减少里边异物，也省了农民伯伯大量的时间和汗水。

"金核脱壳"之后的我们，马上享受3-4天的日光浴。通过阳光的洗礼，分量往往只有刚摘下来时的五分之一，因为"浓缩的都是精华"！随后，如同古代选秀进宫一样，我和姐妹们要经过层层选拔和极为严苛的生产加工工艺，优者胜，劣者汰。究竟有哪些工艺呢？

一、泡泡澡：6道山泉水，将我们冲洗得干干净净。会游泳的，被淘汰；跟我一样的旱鸭子深入水底，自动进入下一关。为什么呢？少数浮在水面的小伙伴，实际上是"空皮囊"，没有真材实料，来伊份坚决不让这些小伙伴滥竽充数。

二、大淘杀：名字有点恐怖，因为来伊份在选购我们时，要求非常高——肚子直径低于2厘米的自动淘汰，很多个头稍小的姐妹们直接出局。

三、首次热水沐浴：冲关成功后，我们还在大蒸锅里边连续煮30分钟，使坚硬的内衣（内壳）软化。

四、脱内衣：内衣软化后，来伊份用专有的机器直接剥掉它，露出我们丰盈、饱满的身体（小核桃仁）。通过色选和风选，将残存异物清除，加工效率直线上升。

五、二次热水沐浴：我和姐妹们再次经历20-30分钟的水煮，目的是去掉我们身体内的麻涩味道，令口感更上层楼。

六、出真味：这是关键环节，来伊份的加工工艺密不外传，我仅透露一点点：只添加少量糖和盐，不允许添加任何添加剂，确保我们绿色、有机、美味。不过，现在一些不良商家，总在这个环节添加大量糖和盐，以调味代替真味。

七、烘干：我们平躺在烘烤架上，160摄氏度高温连续烘烤，直到我们香气馥郁为止。这是个技术活，同样密不外传。

八、品质检验：跟来伊份合作的生产工厂会对我们进行好几道身体检查

（感官和理化指标检查），确保每一粒的健康。

九、金装上阵：通过体检，我和我的伙伴们穿上来伊份的小包装袋，被裹得严严实实，以避免接触空气，回潮影响口感。

十、金属扫描：为防止加工过程有金属异物掉入，来伊份特别增加金属扫描。

十一、二次检查：我和我的姐妹们被打包好，到达来伊份的仓库外，还将接受再次选美（感官检查）和身体检查（各项理化指标的监测，其中微生物含量的检测必不可少）。各项指标都合格后，我们才能通过来伊份颇为先进的物流系统，来到全国各地的门店，等待上帝们（消费者）的"御选"。

据悉，17年来，来伊份累计售卖了100亿颗小核桃，其长度可绕地球5圈。

2015年，在举世瞩目的17国领导乘坐的高铁上，"龙井茶+来伊份零食"成为接待用简约茶餐。龙井堪称中国文化的国货名片。而这场总理为中国高铁代言的TOP秀，也成就了另一个知名国货品牌——来伊份。

为了给政要们带来更加愉悦的体验，外交部礼宾司精心挑选了中国休闲食品领导品牌来伊份的热卖产品——小核桃仁和西梅，让他们在感受"中国速度"的同时，也能体验到中国博大精深的美食文化，品尝到别样的"中国味道"！很幸运，来伊份小核桃和西梅成为高铁外交上的"美食大使"，开启了"舌尖上的外交"。

中国速度，不是一蹴而就的；中国味道，也不是一日炼成的。时光倒回上世纪90年代初，那时候，"来伊份"还没有"出生"，伊的"爸爸"施永雷、"妈妈"郁瑞芬才刚刚相遇。

1993年，是施永雷来沪闯荡的第三个年头。时年19岁的他，早已凭借一双修理钟表的手，在上海立足。就在这一年，他遇见了现在的妻子郁瑞芬。

婚后不久，他们用仅有的3000元原始资金做起了冰激凌生意。出人意料，冰激凌生意异常火爆。没过多久，他们就在上海获得了人生的第一桶金。1999年，他们把目标对准炒货市场，从各自的名字中抽取出一个字，成立了"雷芬"公司。

"1公斤核桃仁的营养价值等于9公斤鲜牛奶，2公斤牛肉。"鹤发童颜的临安老爷子极力向正在为炒货选品的施永雷、郁瑞芬推荐自家的产品。后来，郁瑞芬一口气买下30公斤，当然不只是自己吃，而是打起了卖小核桃的算盘。

产品搞定，郁瑞芬就在上海淮海路租下一间20平方米的店铺。一开业，1500斤秘制核桃仁被一抢而空，郁瑞芬连夜从临安拉来1000公斤，第二天中午门口还是排起500米的长队。

看中了休闲零食行业的发展，郁瑞芬又在浙江富阳山头收购香榧。香榧素有"长生不老果"的美誉，"小核桃+香榧"一下子成了抢手货。此后，郁瑞芬趁势推出炭烧腰果、奶香花生、开口松子等品种。

三个月后，来伊份就从半间店铺扩大到整间，一年后，从淮海路开到了四川北路，1家店变成了4家店。

后来，几个朋友聚在一起讨论，觉得休闲零食的品牌名字一定要朗朗上口，建议更换品牌名字。施永雷灵机一动，"来一份，来一份，这个名字就是顾客买零食时常说的，并且能够快速让受众记住。"不过在注册商标时，工商部门因通俗名称不予注册否定品牌注册的要求。之后，选择改名为"来伊份"，"伊"又有俏丽的意思。

2002年，来伊份品牌应运而生，当年年底就已经拥有38家连锁门店。紧接着郁瑞芬设立了两个特别的部门。一个是品质管理部，专注食品全生命周期的质量检验。另外一个是产品研发部，主要考察全国各地的零食店，"把好吃的引进来"。那段时间，部门的5个小伙子吃遍全国特色小吃，"西到成都，北到哈尔滨，南到海南岛"。江苏靖江的猪肉脯就是21岁的湖南农大小伙吃出来的。同时，来伊份和华东理工、江南大学等联合建立实验室，每年推出100多款新品，"平均每3.6天推出一款"。

2016年10月12日，来伊份以股票代码603777正式登陆A股市场，成为主板"零食第一股"。

2016年年底，来伊份门店达2269家，会员突破1700万，产品覆盖炒货、肉制品、果蔬等9大类900个品种，成为中国休闲食品连锁的领军者，每年为亿万人次提供"健康、美味、新鲜、优质"的消闲美食。

（文/倚　芬）

千滋百味"上好佳"

有一种滋味难以名状却历久弥新，似有"百般美、千般妙"缠绕舌尖，哪怕过个几十年也不会忘记。籍此来表达我和我的亲朋对"上好佳"的眷念，恰如其分。

我是个土生土长的金山姑娘，儿时最盼望的事就是：去市区的叔叔家玩，坐坐1号轨交，看看繁华街景。叔叔家住在徐家汇，每次在他家吃过午饭，一行人总要去太平洋百货逛逛。不爱花花绿绿的服装区，我只流连货架满满的食品区，因为那里有我可心的美食——上好佳"鲜虾条"。触感光滑的包装袋，鼓鼓的，"胖胖的"。画面中，一只鲜红的大虾，伴着一堆随意散放、细细长长的虾条，"喷香感"呼之欲出。细心的叔叔总能发现我眼中的"喜欢与留恋"。趁着我爸妈不留神，他会买上好几包，用大口马甲袋装好，临分别时，送给我们。我爸我妈觉得很不好意思，"探个亲还又吃又拿"，叔叔见状便不乐意，彼此总要推搡一番。我则巴巴地盼着那大手之间推来送去的美食，口水津津直流……

面对我执拗的爸妈，叔叔总有妙招。他会假意妥协，将马甲袋拎在手里，等我们一过地铁闸机，就喊住我，一把塞我怀里。待我爸妈反应过来时，他早已踩着"凌波微步"，"溜之大吉"了。

抱着马甲袋，我虽然嘴上没点赞，心里却乐开了花。爸妈管束向来严格，作为大人眼中的"乖乖牌"，我在美食面前总是"面不改色心不跳"。一进家门，就把"来之不易"的"上好佳"一包一包放进客厅的玻璃柜，让它们"整整齐齐排排坐"。虽然心里恨不得一口气将之消灭干净，但还是强忍饕餮的念想，等待周末的来临。

闲来无事的周末，一家人坐在电视机前，嗑嗑瓜子，呷呷茶饮，追追热剧……在我印象中，这是三口之家平凡岁月的欢乐时刻。从叔叔家带回的好物，最适合在这个时刻"祭出"——拉开玻璃柜的移门，取出一包"鲜虾条"，双手捏紧袋子两侧，一鼓作气，向外撕拉。随着"兹"的一声，包装袋便敞开了一扇大大的"天窗"，浓郁的香气扑鼻而来。我的小手不自禁地伸进"窗口"，张开五指，"贪婪"地抓起一把"香脆"，塞进口中。齿颊闻香而动，腮帮子不停"鼓囊"。细细长长的虾条被猛烈地粉碎、碾磨，最后化为缕缕鲜香。

吃一口，怎么够？这不，嘴里还在嚼着，小手又伸进了"天窗"。很神奇，有了"鲜虾条"作伴，看剧的欢乐感倍增，就连"剧迷"老妈也时不时"出戏"，凑到我身边"分一杯羹"呢！

家有女儿初长成。一纸大学录取通知书，带我走出了家乡。学校就在市区，和外省市考入上海的学子相比，我回趟家还是方便的。但是，海角天涯，游子的心情是相似的。

入校的第一晚，我在上铺辗转反侧，久久无法入眠。九月的天气依然炎热，宿舍天花板的风扇吃力地"摇着头"，发出嘎吱嘎吱的声响，却没送来多少清凉。忽地，手机屏幕亮了，原来是老妈的简讯："别贪凉，出门在外，要照顾好自己。行李箱里有你喜欢的'上好佳'。早点睡，晚安！"看似简单的问候，却字字戳中泪点。所有的思念、不安和烦躁，一股脑儿地随泪水夺眶而出。那些与家人窝在沙发看电视、享美食的寻常时光啊，竟成了生活的奢侈品。

军训，拉开了大学时代的序幕。我在烈日下、风雨中慢慢坚强起来。一室四寝，来自五湖四海，有南京妹子，有温州酷姐，有崇明"小娘"，还有我这金山姑娘。大家都是第一次离开爸妈，直面独立的人生。相似的境遇，拉近了彼此的距离。没过几天，我们就聊成了一团，打成了一片，吃成了一伙。

"小饭点到啦！"午休时分，崇明"小娘"一声令下，我们纷纷取出自家囤粮。南京的咸鸭来一块，崇明的芦粟来一根，温州的鱼干来一条，我的"上好佳"来一包。没有想到，在美食面前，姑娘们比小伙子还要"生猛"。瞧，大容量的"上好佳"，不管哪种口味，袋子一打开，"分分钟"就见底。有了这群"志同道合"的姐妹，离家的"忧思曲"，不知不觉成了"欢乐颂"。

一次寝室"夜聊"，南京妹子问我："上好佳"的袋子上明明有"锯齿封"，轻松一撕就开口，你为什么要费劲地从两侧撕呢？我笑而不语，温州酷姐倒是替我回答了：因为这样操作，开口最大化呀，整只手都能伸进去，抓得多，吃得爽呀！崇明"小娘"也乐呵呵地补充道：这，就是正宗的"吃货"！欢乐的气氛，打破了夜的寂寥。那一夜，似乎做了一个"馋梦"，醒来时，口水流了一嘴。

大学时代，每逢周末，我们会结伴去逛超市，采买些日常用品和食品。和年少时一样，"上好佳"仍是我的心水之物；不同的是，现在身边多了三个"同好"。其实，我们还是比较俭省的，生活费里有相当一部分用于采买书籍和学习用品，去除生活必需品之外，零食方面的预算并不多。在这不大的财务空间里，"上好佳"却占据着难以撼动的席位。

随着市场的发展，"上好佳"产品日趋丰富、时尚。面对繁多的品种，我们遵循"采买自愿，美食共享"的原则，比如，我买一包鲜虾条，崇明"小娘"购一包可可甜心，南京妹子买一包脆衣花生，温州酷姐购一包奶油玉米花，"我选我爱"，但品尝时"不享独食"，招呼大家一起尝鲜。这样的"精打细算"，让我们在有限的开支里，品味到了更多的美味，也收获了纯真的友情。

时光如白驹过隙，一晃，我们四个都已成家，为人妻，为人母。在南京妹子30岁生日"轰趴"上，我们又相聚了：温馨的布设，可口的蛋糕，此起彼伏的欢声，还有熟悉的"上好佳"，"舞"美了生日会。

南京妹子最恋"脆衣花生"，她说，那圆圆的卡通外型，如一只只小鹌鹑蛋，可爱极了。"咔嚓"一记，就能听到脆脆的声音从口腔里"爆"出。当薄薄脆衣化开、鲜香漫溢时，唇齿已经和花生来了个"亲密接触"。"咬开的一刹那，香香的花生立即和外衣融合，再加上独特的香味，叫人回味无穷，越吃越想吃哪……"都是而立之年的人了，说起美食来，她还是像个孩子一样，滔滔不绝，两眼放光。

禁不住她的"诱惑"，我们也"开怀"起来，带着孩子一同品味"长生果"的美妙。在"上好佳"面前，我们都是长不大的"孩子"！

今年夏季，上海的天气热得有点"虐"，"上海发布"连续多日发出高温橙色预警。有人吐槽，这鬼天气，男朋友被拐走，也不想去追。而就在这极端"烧烤天"，我却忙开了，忙着给爸妈、叔叔"送清凉"。我从网上订购了好几箱"上好佳"大湖100%纯果汁，直接递往长辈们的居所。

"橙子香味浓郁，有图有真相！"年过花甲的叔叔，仍旧不改"顽皮"个性，在朋友圈发出他和家人畅饮果汁的照片，配以如上文字。爸爸还留言，"冰镇更爽口，不亚于当年的酸梅汤"。三言两语，说的都是"柴米油盐"，却打动了我的心。

小时候，他们用有力的臂膀，为我撑起一片晴空，温暖我的胃；而今，吾辈长大，父辈老去，我们理应撑起这片晴空，反哺他们。上好佳，便是我家两代人之间情谊传递的"美味使者"。

放下手机，轻轻扭开旋盖，扶着微倾的瓶身，将浓浓的果汁斟入杯中，剔透的"玻璃杯"焕发新生。我慢饮一口，只觉浓而不腻，凉而不激，炎炎夏日也随之变得柔情似水……

这，就是"上好佳"的千滋百味。

（文/橙　耳）

蜜成犹带"椴花"香

七月，是阳光和雨水的季节。碧蓝的天空，骄阳似火。偶有绵长雨丝掠过，滋润着期盼的眼眸。城市的雨巷，在祥和中生出几分柔情与浪漫。

朋友送来一罐新鲜的"联蜂"牌椴树蜜。那来自长白山的蜂蜜，透过瓶盖散发出诱人的香甜。打开瓶盖，一股醇厚的气味扑面而来，让人宛若置身百花园。用筷子蘸一点放入口中，浓郁的芳香顿时沁透肺腑，好纯好新鲜的椴树蜜呵！

椴树蜜，是蜜蜂在七月椴树花开时，从椴树花上采集的花蜜，是我国东北特有蜜种。蜜色雪白，具有养胃、补虚、清热、解毒、润燥、除众病、和百药之功效，久服强志轻身，不老延年，是难得的森林蜜种。属北方上等蜜，与南方的"荔枝蜜"齐名。

过去，苏联作品中常出现"菩提树"一词，实则是对"椴树"的误译。真正的菩提树是亚热带树种，在暖温带的俄罗斯乃至欧洲是没有的。

椴树在中国历史悠久，在大面积的行道树、景观绿化、庭院绿化的运用上却比较少，而在国外，它是非常普遍的绿化树种。

椴树分紫椴和糠椴。紫椴又叫小叶椴，花朵小，向上。花期较糠椴早，一般在7月5-6号开花。紫椴花蜜结晶细腻，雪白。俄罗斯产量比较大，但是花香味浅淡。如果细腻还浓郁，那就是极品蜜了。因其花向上，若遇雨水，花中蜜汁则会被冲走，便无蜜可采。

糠椴又叫大叶椴，花朵较大（比西红柿花略小），向下。花期较迟，大约在7月15-16号开花。结晶颗粒较粗，椴树香味浓郁，数量较少。高纯度的糠椴花蜜，颜色同样为白色。糠椴花向下，只下雨不刮风的话，花里蜜汁不会受到太大影响。

在我国，江南的"荔枝蜜"、"龙眼蜜"久负盛名，中原的"枣花蜜"、"梨花蜜"、"槐花蜜"也享誉海内，但都不如东北的"椴树蜜"。东北的山野，土壤肥沃，空气清新，水质洁净，无污染，这是优质蜜源的必要条件；冬寒夏酷、秋燥春凉的气候特征也有利于植物为花蜜富集营养；山区开花的植物种类繁多，各种花中所含的化学成分不尽相同，蜜蜂采百花之精华，酿成世间之珍品——椴树花蜜。

蜂蜜是蜜蜂采集花蕊中的甜汁，经复杂的酝酿浓缩而成的，一箱强壮的蜜蜂，一年可以生产一百几十斤蜂蜜，而每斤蜂蜜都是由几百只蜜蜂劳作一生完成的。据资料记载，采集一斤甜汁，蜜蜂要作一万到一万五千次的飞行；一只蜜蜂每次采集的甜汁不能超过自身重量的一半，约为0.05克；一只工蜂平均每天能够采集飞行8-10次，一只蜜蜂一生平均采蜜也就是80-120次，能为人类提供0.6克蜂蜜。

蜂蜜营养丰富，不但有钙磷铁等多种重要的无机盐，还有多种维生素。蜂蜜中的维生素B2与鸡肉中的含量相当，是葡萄、苹果的十六倍。而蜂蜜中的有机酸，则包括乳酸、草酸、苹果酸、柠檬酸、酒石酸等。

有苏联学者曾调查了200多名百岁以上的老人，其中有143人为养蜂人，由此证实，他们的长寿与常吃蜂蜜有关。

一千六百多年前，两晋时期著名文学家郭璞在《蜜蜂赋》中就曾提到，"散似甘露，凝如割肪……百药须之以谐和，扁鹊得之而术良"。明代李时珍在《本草纲目》中说，蜂蜜生凉热温，不冷不燥，得中和之气，故十二脏腑之病，惆不宜之。其入药之功有五：清热、补中、解毒、润燥、止疼。我国的第一部药书《神农本草经》上说："蜂蜜主治心腹邪气，安五脏诸不足，益气、补中。"

现代医学还常用蜂蜜治疗肺病、心脏病、肝炎、肠胃病、溃疡病、感冒、咳嗽及神经系统病。

上海沪郊蜂业联合社商标，由左侧三只蜜蜂图形、右上侧的"联蜂"汉字和右下侧的汉语拼音"LIAN FENG"组成。三只蜜蜂聚集，寓意蜂农携手，同心拼搏，勇攀高峰，争创一流。

考古发现，好的蜂蜜可以存放两千年。这是科学家通过对"千年古蜜"

研究所得。优质纯正的椴树蜂蜜，在短时间内是不会变质的，凡是存放过程中出现分层、变色、沉淀的瓶装椴树蜜，都是掺了假的蜂蜜。

判断蜂蜜的优劣：

一看色泽：蜂蜜色泽的深浅，取决于蜂蜜中含有植物色素和有色矿物质的多少，正常色泽可分为7个等级。真正的蜂蜜透光性强，颜色均匀一致，而假蜂蜜则浑浊有杂质。

二观形态：买蜂蜜时，把瓶装蜂蜜翻转过来，纯正的蜂蜜会出现拉丝状态。试着用筷子挑一下蜂蜜，纯蜂蜜挑起来拉长丝，丝断后能回缩，甚至成珠状。

三闻气味：假蜂蜜闻起来会有水果糖或人工香精味，掺有香料的蜂蜜会有异常香味，而纯蜂蜜气味天然，闻起来有一股淡淡的花香。

四尝味道：纯蜂蜜口味醇厚，芳香甜润，回味悠长，易结晶；假蜂蜜口感甜味单一，没有芳香味，有白糖水味，结晶体入口即化，有涩味，略有黏性，倒入水中很快溶解。

五看标签：凡配料表中写有除蜂蜜以外其他成分的都不是纯蜂蜜，即使没有配料表，商品名称带有功能或导向性的，都不可能是纯蜂蜜。

六看浓度：将一滴蜂蜜放于纸上，优质蜂蜜成珠形，不易散开；假蜂蜜无法成为珠形，容易散开。

好的蜜糖，会随气温降低，从而产生结晶，如凝固的猪油。结晶的多少、快慢，因蜂蜜的品种不同而异。假蜂蜜一般不结晶。

有的假蜂蜜所加入的白糖，在一定条件下也会有类似结晶物质在瓶底沉淀。但真蜂蜜的结晶和假蜂蜜的沉淀很容易区分，蜂蜜结晶较为松软，置于指上，易捻化。假蜂蜜析出的白糖沉淀较为致密，放在手上会有沙砾感。

生产"联蜂"牌蜂蜜的上海沪郊蜂业联合社有限公司，在蜜蜂授粉、蜂胶软胶囊、活性鲜蜂王浆生产技术等领域，保持国内领先位置。目前，共申

请发明专利6项、外观设计专利18项。主要产品有：活性鲜蜂王浆、蜂王浆冻干粉、蜂蜜系列、蜂花粉系列以及蜂胶、蜂蜡等产品。"联蜂"现已发展成为遍布全国的蜂产品及养蜂服务品牌。产品已进入上海、北京、天津、广州、太原、杭州、成都、武汉

等25个大中型城市，覆盖各大药店、食品商店、超市等，在海内外市场享有一定声誉。

蜂蜜基地遍布上海市郊、盐城、长白山、西安、云南、天水六大养蜂基地，所属蜂农335户，饲养蜜蜂27500多群。

每年出资引进蜜蜂原种，交由示范蜂场负责饲养、考定、推广，供人前往移虫或分送王台，再由养蜂户带回自己场地进行交配成杂交种，再由养蜂人员采用自繁自育的方法进行推广。

各蜂场一般每年要换王1-2次，以保持蜜蜂的常年优势。由于良种繁育较快，加之科学养蜂技术水平日益提高，蜂王品种较以往在产蜜、产浆、群势强弱、抗病能力等方面有较大提高。

朋友在微信上说，将新鲜的"联蜂"牌蜂蜜涂抹于皮肤上，能起到滋润和营养作用，使皮肤细腻、光滑、富有弹性。她说，很多高级的化妆品，都是由蜂蜜提炼而成的。她在微信上还透露了"蜂蜜化妆"的几种独家秘方。

一为，蜂蜜面膜：用蜂蜜加2-3倍水稀释，每天涂敷面部。也可用麦片、蛋白加蜂蜜制成面膜敷面，使用时按摩面部10分钟，使蜂蜜的营养成分渗透到皮肤细胞中。

二为，甘油蜂蜜面膜：取一份蜂蜜、半份甘油、三份水，加适量面粉调和制成面膜。每次在脸上敷20分钟左右，再用清水洗净，可使皮肤滑嫩细腻。

三为，蛋蜜膜：取新鲜鸡蛋一只，蜂蜜一匙，将两者搅拌均匀，用软刷子涂刷在面部后进行按摩。待自然风干后，用清水洗净。每周两次，具有润肤去皱、益颜美容之功效。

（文/狮 蝎）

83

第 2 辑　点点诗意

母爱如丝绕"糖缠"

　　春天随着落花走了，夏天披着一身绿叶，在暖风里跳动。一个周末的午后，空气带着茉莉和月季的幽香，飘进简朴舒适的书房。坐在书桌前，一本金庸小说，一杯绿茶，一盒全蛋沙琪玛，狗儿小富卧在脚旁，甚是惬意。

　　茶，是友人送来的今年新采摘的安吉白茶；书，是金庸的《天龙八部》；而全蛋沙琪玛，是利男居生产的，是女儿从网上订购，快递刚送来的。

　　在所有的食品中，我对利男居的全蛋沙琪玛情有独钟，并不是因为我挑剔，而是因为它浸淫着我的童年，饱含我对亲人的无限情思。

　　第一次见到全蛋沙琪玛，是三年自然灾害时期。那时我们一家八口居住在南市老城厢父亲单位一间局促的宿舍里。彼时，父亲在一家副食品公司担任经理，他是个实诚人，不像现在的某些经理那样潇洒，而是样样带头干，整天忙得脚不着地，而且特别廉洁，尽管手里掌握着当时极为匮缺的物资，却从不捎带。父亲对外婆很好，将家里每个月的糕饼券都送给外婆，害得我们童年就没有吃到过什么糕点。在煤气公司一个建筑工程队担任队长的母亲，处事能力比父亲要强，但是脾气比父亲来得刚烈。我们兄弟姐妹几个人，全靠当时在读初中一年级的姐姐照料。

　　我们住在底楼，隔壁是一对中年广东人夫妇。他们是双职工，没有小孩，在当时，家庭条件算是优渥，而且还有海外关系，可以从侨汇商店买一点紧俏食品。他们经常敞开大门，吃一些在我们看来很是高级的糕点。尤其是那个秃头的男人，更是故意对着我们这些孩子，将食品拿在手上摇晃着，引诱着。母亲每次见到我们眼巴巴地看着他们，总是很生气，一把将我们拽回来，关上房门，一顿责骂。

有一次，那个男人拿着色泽米黄，散发着浓郁桂花蜂蜜香味的沙琪玛，对着只有三岁的妹妹说，"你在地上爬一圈，我就给你吃一块"。

妹妹迟疑着，转头看看，刚想爬，母亲回来了，一见这场面怒火中烧，一把抱起妹妹，对着那个男人呵斥道：欺负小孩，你还是男人吗？这个全蛋沙琪玛有什么好稀罕的。走，我们回家去。

从此，我记住了全蛋沙琪玛，知道了利男居生产的全蛋沙琪玛是其中的佼佼者。发誓将来有钱了，一定要让妹妹天天吃全蛋沙琪玛。

第一次吃到全蛋沙琪玛，是在此事半年后的春节期间。那天父母带我们去看望在电缆厂工作的同乡胡伯伯。胡伯伯是日本归侨，在这家大型企业负责技术工作，是父亲童年的玩伴。胡伯伯很好客，拿出很多从侨汇商店买来的食品招待我们。我们心里很想吃，馋得肠子发痒。但没有父母的首肯，面对食品的诱惑，我们假作正经，硬是挺住。

回家路上，妹妹从口袋里掏出一个用透明纸包裹得方方正正的糕点，递到我手上说，哥哥，给你。啊，这不正是曾经令我们被母亲暴打一顿的利男居全蛋沙琪玛！

原来是胡伯伯临走时塞在妹妹口袋里的，妹妹舍不得吃。我拿着全蛋沙琪玛，心里百感交集。

长大后，去北京读书，同寝室的北京同学见我母亲经常从上海寄来全蛋沙琪玛，很是惊讶，说，这个全蛋沙琪玛，是北京特产。民国时期，老北京的大茶馆售卖的红炉点心中，多有沙琪玛。何必舍近求远？

夜色浓浓，万籁俱寂。在学生宿舍的卧床会上，这位同学讲了一则关于沙琪玛的传说：

很早很早以前，有一位做了几十年点心的老翁，从一种甜点蛋散中得到灵感，创作了一款新的点心。顾不上为点心命名，他迫不及待地赶到市场上售卖。不料，天降大雨。老翁只得躲到一户大宅子门口避雨。

谁知那户人家的主人骑着马回来，把老翁放在地上盛装点心的箩筐踢到了路中央，点心全部"报销"。后来，老翁又做了一次同款点心，结果大受欢迎。有人问及点心的名字，老翁就答"杀骑马"，最后人们将名字雅化成"萨其马"。

《光绪顺天府志》记载："赛利马为喇嘛点心，今市肆为之，用面杂以果品，和糖及猪油蒸成，味极美。"道光二十八年的《马神庙糖饼行行规碑》也写道"乃旗民僧道所必用。喜筵桌张，凡冠婚丧祭而不可无"。当年北新桥的泰华斋饽饽铺的萨其马奶油味最重，它北邻皇家寺庙雍和宫，那里的喇嘛僧众是泰华斋的第一主顾，作为佛前之供，用量很大。

满洲入关后，萨其马在北京开始流行。北平首先制作萨其马，称"糖缠"，后普及全国，按原名简其音为"沙琪玛"。因沙琪玛帮式不同，用料及工艺亦异。京式沙琪玛的特点是面条纤细，条须紧密，饼面有芝麻或红绿丝点缀；广式沙琪玛，如利男居全蛋沙琪玛，则是面条较短，质地酥松。

上海全蛋沙琪玛的鼻祖，就是利男居。这家企业从1920年开始生产广式沙琪玛，迄今已有近百年历史。其全蛋沙琪玛以用料考究、制作精致、花色繁多、色泽匀称而称誉上海，成为利男居一款"看家食品"。

利男居创始人为广东中山人钟安樵先生。1900年，他在南京路盆汤弄开店设铺，原名"利男茶居"，以经营广东同乡婚嫁喜庆所需的"龙凤礼饼"和中秋月饼为主，兼营广式茶点和广东土产、烧腊制品等。

当时，广东风俗嫁女时要定做大量的龙凤礼饼馈赠亲友。为迎合人们多子多孙的心理，取店名为"利男"。凡上海讲究老规矩的人家，有小辈婚嫁，总忘不了叮嘱去"利男"购买龙凤礼饼馈赠亲友，以讨个好口采。由于店名吉利和送货上门的服务，当时上海人婚嫁买礼饼，十之八九都向"利男"订购。

20世纪20年代由于房屋纠纷，"利男"店迁往天潼路，后又迁往四川北路邢家桥营业，改称"利男居"。1937年"八一三"淞沪战争爆发后，商店被迫迁往英租界的浙江路宁波路口营业。当时的"利男居"根据茶食糕点消费的特点，一年四季，随着时令，上市各种点心，从麻球到油炸春卷，从端午粽子到重阳糕，从中秋月饼到香肠大包，无所不有。"利男居"的声誉，在上海广式茶食业中首屈一指。

"利男居"生产的全蛋沙琪玛，在原广式基础上加以改进，用鸡蛋代替水调制面团，色泽鹅黄，酥松微软，入口松化，蛋香味浓，蛋白质含量高，营养丰富。对熬制糖浆，根据不同气候，严格控制老嫩，以防色泽过深，影响粘结成型。在成型上，注意粘合、压实，不使其松散、空馅、破裂。

"利男居"全蛋沙琪玛制作工艺很复杂。食料采用精面粉、干面、鸡蛋花、蜂蜜、生油、白砂糖、金糕、饴糖、葡萄干、青梅、瓜仁、芝麻仁、桂花。制作时，鸡蛋加水搅打均匀，加入面粉，揉成面团。面团静置

半小时后，用刀切成薄片，再切成小细条，筛掉浮面。花生油烧至120℃，放入细条面，炸至黄白色时捞出沥净油。然后，将砂糖和水放入锅中烧开，加入饴糖、蜂蜜和桂花熬制到117℃左右；再将炸好的细条面拌上一层糖浆；框内铺上一层芝麻仁，将面条倒入木框铺平，撒上一些果料，然后用刀切成型，晾凉即成。

从20世纪40年代起，"利男居"的特色品种全蛋沙琪玛、南乳小风饼、奶油椰蓉酥、椰蓉杏仁饼、佛山盲公饼、奶油酥蛋面包和各色中秋月饼等，风靡江浙沪乃至全国，所获荣誉不计其数。其中，椰蓉月饼是该店首创的名牌品种；南乳小风饼1956年曾参加莱比锡博览会，获得好评；全蛋沙琪玛1979年被评为上海市第二商业局优质产品；1983年和1988年两度被评为商业部优质产品……

大学毕业后，我在一家报社当记者。晚上经常要赶稿，那时与母亲住在一处。每天下午，母亲总要跑到天津路的利男居给我买些沙琪玛，供夜里充饥。其实，那时食品丰富，沙琪玛对我的诱惑力已经大不如从前。但为了不辜负母亲的爱，我仍旧像童年那样，大口大口地吃，很快乐，很享受。

春已逝去，田野里的麦子，不知不觉间由绿色变成金黄。起风了，盛夏的雨说下就下。甘霖过后，迅速撤离，再让位给光与风。

母亲早已离我们远去，但她对我们的爱不曾远离。难忘母恩，难忘带着母亲慈爱的利男居全蛋沙琪玛。

（文／戴 楠）

桂花飘香"鸭"正美

又到中秋，又到"举杯邀明月"的时节。过去，每逢这个"辰光"，家家户户都要置办三样吃食——月饼、大闸蟹、桂花鸭。哪怕家里再拮据，这三样也得采买齐全。要说差距，无非是品种、品相略有区别。

中秋吃鸭子的习俗，古已有之。鸭属水禽，鸭肉性寒凉，"食鸭"有滋阴养胃、清肺补血、利水消肿之功效，可补内虚，消毒热，适合体内有热、上火者食用，且可消除秋燥。

从时令来说，每年中秋前后，盐水鸭色味最佳。这是因为鸭子在桂花盛开的季节制作，鸭肉会带有桂花的香气，故美其名曰"桂花鸭"。在《白门食谱》中曾有这样的记载："金陵八月时期，盐水鸭最著名，人人以为肉内有桂花香也。"此时，正是鸭子最肥壮的季节。俗语说"秋高鸭肥"，鸭肉是美味佳肴的主要原料。

中秋前夕，好友李骏托快递送来一只桂花香型盐水鸭。这只鸭子，肉玉白，油润光亮，皮肥骨香。夹上一块，送进嘴里：咸甜清香，口感爽滑，鲜嫩异常。

我打电话给李骏，谢谢他送来的南京盐水鸭。李骏在电话里毫不客气地纠正我的说法，说，别张冠李戴。这不是南京盐水鸭，是上海本土企业哈趣食品公司生产的桂花香型盐水鸭。

"暖风熏得游人醉，直把杭州作汴州"，我"懵"了。在上海生活了几十年，竟然不知道还有这等妙物。难道我，真的"out"了！

中国著名散文家梁实秋先生在《雅舍谈吃》中说："馋，则着重在食物的质，最需要满足的是品味。馋，基于生理需求，也可以发展成为近于艺术的趣味。"

南京地处江南水乡，水暖鸭肥，人们养鸭、吃鸭由来已久，盐水鸭也应运而生。早在春秋战国《吴地记》中就有金陵人筑地养鸭的记载，可见，家鸭蓄养已有几千年历史。

明代有首民谣："古书院，琉璃截，玄色缎子，盐水鸭。""古书院"指的是当时最大的国立大学——南京国子监，"琉璃截"指的是被称为当时世界奇迹的大报恩寺，"玄色缎子"指的是南京著名的特产玄色锦缎；而小小的盐水鸭居然并列其中，可见当时"盐水鸭"在南京人心目中的地位。

史料记载，唐宋时期南京市场繁荣。在明朝洪武27年8月，南京新建酒楼15座，可见饮食市场繁荣，小吃摊贩成群，酒楼小食店茶社鳞次栉比，其中鸭馔丰富多样，盛行于世。诗人杜牧在《泊秦淮》诗中云："烟笼寒水夜笼沙，夜泊秦淮近酒家。"这说明，不仅有白日闹市，还有夜市酒家。南京人食鸭花样很多，六朝时期帝王们的餐桌上，已经有烤鸭、盐水鸭等几道鸭馔，明太祖朱元璋"日食烤鸭一只"。

南京盐水鸭，曾经享誉海内外，引领鸭馔新潮流，引发人们难以言表的品尝欲望。

1975年，我从上海乘东方红9号船到安徽芜湖，然后转火车去我下乡的皖西北。船到南京，要停靠两个小时，我随着人群下船，朝新街口走去，想买一只南京盐水鸭带回生产队，让同在异乡的"插兄插妹"们品尝品尝。

兜兜转转，寻寻觅觅，总算找到了卖盐水鸭的商店，然而，那天店里并没有盐水鸭供应。我幽幽而回。走到码头，想不到船已经在半小时前开走了。我的行李在船上，那可怎么办？正当我急得束手无策时，码头上一个管事的告诉我，东方红9号是条新船，船上有收发报室，快去电报局打电报，要他们将你的行李放在芜湖。

打完电报，我搭乘下一班船赶到芜湖，夜色朦胧中寻到码头值班室，领回我失联的行李。值班室班长在送我出码头时说，小伙子你真行，为吃盐水鸭，竟然误了船期。说罢，他又轻轻地问，盐水鸭的味道好吗？"没有吃到，商店无货。"我不无遗憾地回道。

后来去北京读大学，几次途经南京都没有下车，自然也就没有尝到正宗的南京盐水鸭。

改革开放以后，全国各地的城市，几乎都有盐水鸭供应，只不过受市民欢迎的程度和生产的规模不一而已。我所在的单位旁边就是美食一条街，早在20年前，就有一家专卖盐水鸭的店铺。那家店的鸭子做得皮白肉嫩、肥而不腻、鲜香味美，是地道的南京风味，自然让我这个"馋嘴"大饱口福。买得久了，人也熟了，对盐水鸭更有感情了。只可惜不知什么缘故，后来那家店的老板走了，店也关了，空留一腔怀念。

李骏是我儿时的玩伴。在我们的认知里，李骏不爱吃鸭。即使在物质供应非常紧缺的年代，一户人家只有逢年过节时，才能按照大户、中户、小户的等级，配给到符合各自等级的鸭子，他也不吃。他说，吃不惯鸭子身上的那股腥味。

尽管我们不断给他"科普"：鸭肉富含蛋白质、维生素E、铁、铜、锌等营养元素，可用于辅助治疗咽喉干燥、头晕头痛等病症。鸭肉中含有非常丰富的烟酸，是构成人体内两种重要辅酶的成分之一，对心肌梗死等心脏疾病患者有保护作用。

但，任凭我们磨破嘴皮，他说不吃就是不吃。很有个性！

都说"江山易改，本性难移"。想不到，如今他本性"移动"起来了。他振振有词道，吃鸭只吃"哈趣"的桂花香型盐水鸭。因为哈趣的盐水鸭，做法返璞归真，滤油腻、驱腥臊、留鲜美、驻肥嫩，百吃不厌。

他居然还厚着脸皮给我们"科普"：盐水鸭属于高蛋白、低脂肪的食品，氨基酸全面，此外还含有钙、磷、铁、硫胺素、核黄酸、尼克酸等，对人体十分有益。常吃盐水鸭能抗炎消肿拒衰老，对身体虚弱疲乏、心血管病患者尤为适宜。

桂花香型盐水鸭的食疗效果也很明显，特别是皮肤干燥的女性，可以将带骨部分煮汤，加萝卜类蔬菜，口感更佳。用桂花香型盐水鸭制作的鸭汤，不仅有桂花的清雅，还有鸭肉的鲜美，能够起到美白肌肤、养生润燥、和胃生津的作用。

乖乖，真是"士别三日，当刮目相看"。

作为能与市场上所有盐水鸭抗衡的哈趣桂花香型盐水鸭，创立者从祖辈父辈手里接过这根承载着文化与美味精髓的接力棒，凭借热情和悟性，将盐水鸭的制作工艺"打磨"得越发精湛。对每一只"经手"的鸭子，他们都认真以待。为保证产品品质和企业品牌美誉度，恪守独家工艺和流程。

传统盐水鸭要求"熟盐搓、老卤复、吹得干、煮得足"。哈趣桂花香型盐水鸭，在传统盐水鸭的基础上经过数年的精心研制，有很多"创新之举"。例如，"炒盐腌，清卤复"，增加鸭的香醇；"炒得干"，减少鸭脂肪，皮薄且收得紧；"煮得足"，食之有嫩香口感。桂花香型盐水鸭采用先进的巴氏杀菌锁鲜技术，柔性化、自动化、智能化烹鸭生产线，经过恒温恒湿自然解冻、清理腌制、复卤、冷烘、煮制、冷却、真空包装等多道工序标准化生产，全程可追溯。桂花香型盐水鸭极为强调老卤的质量，认为老卤愈老愈好，将百年老卤视为珍品……不失传统盐水鸭"鲜、香、酥、嫩"的特点，入口时更带有天然桂花醇香。

行笔至此，李骏告诉我，现在，桂花香型盐水鸭已发展到"一鸭多吃"，鸭系列产品品种繁多，既有新鲜的各色盐水鸭，又有鸭肫、鸭腰、鸭肝、鸭心等"四件"佳馔。盐水鸭肫鲜美柔韧，愈嚼愈出味，炒鸭腰鲜嫩异常，烩鸭掌别有滋味，鸭心鸭血等均可入馔。

李骏强调，其中，尤为值得一提的是，哈趣酱鸭，沿用上海酱鸭旧制配比，以当年饲养成熟的鸭子为原料，佐以白砂糖、酱油、黄酒、味精等调味品，沿用烧制、腌制、按摩、滚揉等多道工序精制而成。其肉色枣红，酱香油润，层次丰富，口感甚佳，回味无穷，是对美味的演绎和呈现。

听着听着，我的"哈啦子"都要流下来了。鼻尖仿佛飘过一阵阵鸭肉的鲜香，还带着淡淡的桂花气息和浓浓的上海味道！

（文/毛　炜）

绵绵

柔香

第3辑

当舞步在舌尖翩跹
当歌声在齿颊宛转
最撩人香气
是此刻
品一餐"艺术的盛宴"
享一场"盛宴的艺术"

"海上锦礼"海上情

七月，出梅，高温骤至。太阳毫不留情地炙烤着大地：小区的水泥路和对面的楼房，就像一面面镜子，刺得眼睛睁不开；树叶耷拉着脑袋，有气无力的。世界仿佛被巨大的蒸笼罩着，叫人透不过气来。躲在客厅里的我，孵着冷气，品着"海上锦礼"的白脱别司忌（俗名奶油面包干），聊作午餐。

"海上锦礼"，是静安面包房推出的美味糕点组合。其中，白脱别司忌，取材新西兰天然优质黄油，经独特工艺精制烘焙，口感卓尔不群。法式蝴蝶酥，采用纯正新西兰黄油搭配精选小麦，以改良的中东甜点烘烤方法制作而成。法式核桃巧克力松饼，是大颗粒核桃与香浓巧克力的融合。奶油蔓越莓松饼，酸酸甜甜的，以纯正新西兰优质黄油高标准配料制作。

位于华山路的静安面包房创办于1985年9月，由上海静安宾馆、香港三隆行共同出资创建。一开始的定位是承接市政府各类招待宴会的西点面包供应任务，这为其面包的品质奠定了基础。创建之初，静安面包房从法国请来面包师傅坐镇，其生产的白脱小球面包、白脱别司忌、法式长短棍、栗子蛋糕、羊角面包、拿破仑蛋糕等招牌西点，风靡上世纪80年代至90年代的上海。

时隔多年，一位记者在文章中写道：

1985年10月4日，静安面包房第一天试营业，店里的商品只有一种，就是法式长棍。

当时，早餐点心多为大饼油条、小笼馄饨、泡饭，突然出现一种长相奇特的"洋点心"，长到像棍子一样可以扛在肩上走。法棍卖5角2分再加2两粮票，在当时不算便宜，但来尝鲜的人不少，把面包带回家，切开一吃，表皮香脆，有嚼劲。很快，静安面包房门口排起了长队……

最初来排队的多是华山路一带的居民，听闻这里有上海滩独家的新鲜法棍，纷纷去赶时髦。后来，知道的人渐渐多了，其他地区的居民也争相来买。华山医院就在静安面包房不远处，全国各地来看病的人路过这里，很容易被长长的队伍和漫溢的面包香气吸引，忍不住来尝鲜。

大家都愿意排队等候。车间里面包一做好，车子马上送过去，营业员拿起一个长纸袋，把法棍一套，就卖给顾客了，在当时也可称得上"新鲜立售"了。

顾客买得法棍，往往将之拿在手里，或者用手肘夹住。当然，如果把它扛在肩上，更是一种时尚与自豪。一整车面包，基本都是迅速售罄，没买到这一车的，只能等候下一车。排队，像以前春节买菜拿个篮子占位子的事情是不行的，都得靠自己排，后来店门口还有专门维持秩序的人员呢！第一年最轰动，根本来不及做，到了晚市，店家只能跟顾客打招呼：今天卖完了，明天再来吧。

一些"老上海"说："那时候都不用讲静安面包房，只要讲面包房，上海人心里就有数了。"

三十年河东，三十年河西。"台风"急，"西风"烈，海外"舶来"品牌大手笔布局上海烘焙食品市场，以独特的品牌形象、先进的经营理念、领先的产品设计以及全新的营销方式，冲击上海烘焙食品市场原有格局。

面对竞争，上海烘焙食品行业，从产品形态，到门店装潢，到包装风格，到品牌文化，到市场策略，都遭受着"同质化竞争"的困惑，原有的上海风格、上海特色，正在逐年褪化，市场亟需打造厚植本土、传承经典的"上海品牌"、"上海味道"。

2011年4月，静安宾馆底楼会议室热闹非凡。在该年度中秋月饼包装设计招标会上，静安面包房整合营销中心总监汪先生向与会者娓娓道来："家庭出身：锦江国际集团。家庭住址：静安区华山路。身份证号：上海第一家法式面包房……"他简要地勾勒了静安面包房独有的品牌基因及形象。

方伟江，上海JN设计公司老总，一位标准的上海老克勒，早年家住长乐路。他见证了静安面包房从开业到再次创新的历程，说是吃静安面包房法棍"变老的"。他们的设计提案是"'华山路370号'西式铭牌图标+牛皮瓦伦纸盒包装+火漆单色印刷"。同时他展示了一套取材思南路历史建筑群的曲奇包装设计样稿。

张瀚鼎，上海HD设计公司总经理，一位闯荡上海多年，早已功成名就的武汉籍资深设计师，他的公司就在淮海西路常熟路口，是原上海市长潘汉年的故居。他说，自己最喜欢静安老街区的环境。曾亲自带领几名设计师，沿华山路自东向西一路踩点，最后在丁香花园停下了脚步，他们的设计提案是"丁香花园建筑洋楼+法式梧桐+红金底色"……

尽管，这一年是中秋月饼包装设计招标，最后选取的是红金梧桐洋楼设计，但这次设计招标却为次年创意开发海派伴手礼，奠定了包装设计的坚实基础。

2012年春节过后，静安面包房启动创意开发海派伴手礼项目。由单位总经理挂帅，营销、生产、技术、采购各部通力协作。花了不到3个月的时间，完成了项目创意、包装设计/制作、产品研发、推广策划，首期推出4款老洋房系列包装造型，即"海上锦礼"。

在潮品迭出的今天，人们总爱寻找、怀恋沉淀已久的上海味道。它也许是记忆中的经典回味，也许是根植于老上海风尚里的美学精神。

"老洋房，作为上海城市的重要标记，它所蕴含的价值绝非一砖一瓦所能砌成。几乎每一幢都承载着一个传奇故事。今天，老洋房不仅低调地诉说着过去，还以独特的格调，在魔都潮流中扮演着优雅的角色。"这是一段由整合营销中心汪总监撰写的策划文案。

2012年6月，银河宾馆大宴会厅，锦江国际集团年度新产品展示会上，旗下企业静安面包房最新推出的"海上锦礼"老洋房系列伴手礼，以其独特的设计包装及精选的特色招牌美味糕点，赢来好评一片，更被莅临指导的集团高层领导赞誉为"锦江之礼"，许多酒店老总也前来"取经"。

2012年11月，应欧洲烘焙食品原料生产商——奥地利焙考林国际控股有限公司邀请，静安面包房潘宏达总经理率生产、营销部门总监，赴奥地利参访交流。出行前在准备礼品时，他们不约而同想到了"海上锦礼"伴手礼。

在焙考林总部，中国同行拜会了年近古稀的董事长皮特。这位被誉"教父级"的国际烘焙大师，世家33代从事谷物种植、4代从事烘焙工业，见证了欧洲面包业的发源、发展，其痴迷于烘焙食品的精深造诣，使中国客人对欧洲面包业的发源、发展有了更为深入的了解。

皮特邀请潘总一行前往自己的私人图书馆。皮特热情地展示了多件古埃及、古罗马和古中国农谷生产、加工的稀世文物、珍本，并对上海客人带来的"海上锦礼"啧啧称赞。皮特说，家中孙辈对中国素有美好憧憬，他要把中国美食带回去给孩子们尝尝。

2013年中秋节，静安面包房在设计中秋产品组合时，开始将"海上锦礼"与中秋产品相结合。后续开发的上海街头老邮筒、电话亭造型的包装产品，进一步延伸了产品组合，给上海中秋市场注入别样新意。

2016年10月26日，"上海食品博览会"上，"首届上海优礼食品创新设计大赛"举行颁奖仪式。经过为期2个多月的专家评审、网络评选，静安面包房的"海上锦礼"，凭借"品鉴上海味道，传递上海心意"的设计理念和名副其实的品质，荣登榜首。

英国作家哈代在《苔丝》一书中说，太阳透过榆树的密密层层的叶子，把阳光的圆影照射在地上。夏末秋初的南风刮来了新的麦子的香气和蒿草的气息。

是的，"海上锦礼"带来了一股久违的"上海情怀"，预示着，上海烘焙行业正在全力迎战"外来军团"的侵袭，奋力夺回失去的"版图"，努力再现上海美食的辉煌。

（文/景　斌）

豆香清新"功德林"

我喜欢吃绿豆糕，尤其喜欢吃功德林研制的精品绿豆糕。这种绿豆糕，黄绿色面皮，多种花纹造型，红豆沙为馅，口感绵软，豆香清新，入口即化，甜而不腻。

之前，市场上的绿豆糕多采用传统生产制作方式，重油重糖。而功德林在传统生产基础上，精心研发新品，陆续推出了鲜花、桂花、玫瑰椰皇、椰皇绿豆等不同口味的新式绿豆糕。

绿豆糕，是历史悠久的汉族特色糕点，有南北口味之分。北方为京式制作，称"干豆糕"。南方口味，注重松软细腻，分荤素两类。绿豆，又名青小豆，性味甘寒，归心经和胃经，清热解毒，祛暑止渴，利水消肿。制作工艺中，通常取绿豆粉为原料，结合传统工艺制就，是美味消暑的小点心，也是传统南方点心中颇具代表性的糕点之一。

功德林生产制作的绿豆糕和各式中西点心，近百年来享有颇高声誉。比如，苏式焙烤式江南名点"功德林素月饼"，就是国内大众百姓、海外华人心中，首选的素食类中秋节日佳品。其饼皮层层起酥，薄如蝉翼、每层都可以撕下来，对着灯光看，好似透明一般，馅料完整丰富，尝一口，酥软而富于韧性，细腻，回味无穷。在海内外市场皆受推崇。

然而，有一段时间，功德林各式中西点心，尽管在老龄消费者中具有较高知名度，在海内外华人佛教信众中口碑颇佳，但在年轻一代消费群体中却存在重油重糖、香味过于浓郁、口感过于甜腻等"传统印象"。

有一次，功德林领导在南京西路总店日常巡视时，发现来店顾客多为年过半百的中老年人，年轻人寥寥。之后，经过市场调研，他们发现，年轻消费者（年龄在21-45岁之间）普遍重视自身健康饮食管理，对于食品选择，更加讲求低油

低糖、绿色健康。他们虽然对功德林的素食菜肴推崇喜爱，对功德林的传统点心却关注甚少，并且对口感有更高的要求。

了解到这一情况后，功德林决定组织技术师傅，对传统小点心进行全面升级的技术研发，思考如何通过技术改良和创新突破，使之符合消费潮流，满足各个年龄层消费者不同的口感需求。

产品研发的第一步，就是对原材料的挑选和采集。既然是"绿豆糕"，顾名思义，就是以绿豆或绿豆粉为主要材料。绿豆在我国已有2000多年的栽培种植历史，中国也是世界第二大绿豆生产国，我国大部分地区都有种植绿豆。绿豆是主要的食用豆类，可做产品总料、菜

点和其他多种食品，用途多，营养价值高。我国的绿豆产区分布在黄河、淮河流域，以及东北地区，主要集中在内蒙古自治区、吉林、安徽、河南、山西、陕西和湖南等地，占全国播种总面积的78%以上。其中，黑龙江地区的绿豆最负盛名。自然资源丰富的"黑土地"，地理位置优越，气候条件好，日照时间长，热量充沛。在特色种植业上，根据土壤、气候特点，已形成特色种植区。"绿珍珠"绿豆就是其特色之一，粒大饱满，色泽油绿，食性特点入口化渣，口感好。

经过多次甄选，功德林选定了黑龙江地区的绿豆粉作原材料，并进行加工改良制作。

解决了原材料问题，在生产制作过程中，新的问题又出现了——绿豆面皮包馅料，糕体会发生开裂。师傅们在尝试多种配方后，仍然一筹莫展。

困惑中，有位大师傅提出：这会不会是与水油调和有关？水分含量是否有忽略？于是，工厂师傅们立即着手进行面皮的水分含量测试，同时进行馅料的水分含量测试。结果发现，面皮的水分含量确实与馅料的水分含量不同。由于面皮水分含量高于馅料的水分含量，当馅料遇到高水分含量的面皮后，会迅速吸收面皮内的水分，于是就会导致糕体面皮开裂。发现这个问题后，技术师傅们重新开始进行水分的调试，终于找到合适的水油比例，制出豆油清香、糯而不腻的成品。

配方研发完成后，在生产过程中，师傅们又遇上了难题。无论怎样调整

印模机器的频率和力度，绿豆糕的松软度都无法提高。机器压制出来的绿豆糕，总是紧致有余，绵软不足。

这时候，具有丰富生产经验的"老法师"想到：是否可以采用手工制作的工艺，进行手工压制？初试之后，果然见效。人工手压出来的绿豆糕，更显松软可口、入口酥化、豆香清新、余味回绕。

于是，功德林的绿豆糕正式确定了手工压制成品的工艺生产操作。从此，老少咸宜、健康养生的素食小点——功德林精品绿豆糕，问世了。

2012年，对于精品绿豆糕，功德林只是在门店做小范围尝试性销售，想看看市场反馈。谁知一上市就受到多个年龄层段消费者的喜爱，产品一度供不应求。功德林高层当即决定大批量生产，以满足市场需求。

精品绿豆糕，不仅是功德林的特色素食点心，还是上海特色点心的代表之一。它包装精美，便于携带，不仅食用起来方便，而且健康卫生，是非常好的旅游伴手佳礼。

功德林的旅游特色名糕点系列，除了"精品绿豆糕"外，还有"精装蝴蝶酥"、"酥饼"、"芝麻薄饼"等多个品种系列。

功德林之所以能在产品创新、开发提升、品牌管理等方面运作得如此成熟，是与其整个历史发展进程分不开的。从1922年创始之日起，功德林就坚持"博采众长"，在口味上吸收了"苏锡派"和"淮扬派"的精华，同时研究上海人的饮食习惯，逐步推出"素菜荤烧"系列菜肴。注重选料，烹饪过程少油、少盐、少糖，尽可能保留原料营养，出品时则讲究菜肴的摆盘，让每一道菜在"适口"的同时，成为极具视觉享受的艺术品。以选料精细、刀工制作考究、仿真荤菜极像和口味极佳而扬名海内外。

1933年，77岁高龄的爱尔兰剧作家萧伯纳来到上海。宋庆龄在现香山路7号的孙中山故居宴请他，所设宴席的菜肴正是功德林的素食。萧伯纳对功德林的素食制作技艺赞不绝口，称其为"素菜之王"。

功德林的素食菜肴"黄油蟹粉"、"樟茶卤鸡"、"罗汉素面"、"松鼠桂鱼"、"素鸭"等，早已是上海乃至全国驰名的特色菜点。

比如"松子黄鱼"，是将一张薄如蝉翼的豆腐衣，摊在案板上。悉心切除边缘的硬口；再将早先备好的土豆泥，均匀铺在豆腐衣上；最后，用手捏出"鱼"的轮廓。

这动作看似简单，却深藏"秘密"。豆腐衣来自浙江富阳，土豆来自东北。这两个地方，原料颇好。须选取拳头大小、表面光洁的土豆，将之洗净，置于蒸笼上蒸，然后去皮，打泥。若是先去皮再蒸，则会发黑。打泥，完全依靠手工，以刀背一层层釐；若用摇肉机打制，则会有小块颗粒。平常，"打泥"这道工序，就要耗费近一个小时。

在"鱼身"覆一层香菇丝、笋丝等辅料，作为"鱼"的"骨头"；在"骨头"上再覆一层土豆泥，作为"鱼肉"。再将调制好的面糊，涂抹于豆腐衣边缘，把"鱼"包裹住。如此操作，食物不仅看上去更为丰满，吃起来也更有嚼劲。

为了让"鱼"看起来更为形似，厨师又在"鱼尾"塞上两片豆腐干，作"尾鳍"；在"鱼头"处镶入一片指甲盖大小的香菇，作"鱼眼"；切一块拉丝状的香菇片，作"鱼腮"……两三分钟光景，一条惟妙惟肖的"鱼"就出现在眼前了。

起油锅后，将"鱼"放入油锅里氽。油锅必须保持三成热，否则外层的豆腐衣容易破碎或焦黑。五分钟后，"鱼身"慢慢变成金黄色，在油锅中浮起。盛起装盘，再往"鱼身"浇一层由青豆、松子、胡萝卜丁、玉米粒、笋丁等烧制的

酱汁。如此，一盘颇具功德林特色的"松子黄鱼"，便火热出炉了。

而以蔬菜原料定名的素菜，特色更为显著，如"糟溜鱼片"、"清炖冬菇"、"功德菌王汤"等，讲求原汁原味，不但突出原料本身的风味，还最大限度保存了菜肴的营养价值。

"功德林"糕点和素食，飘香百年，生生不息。它们，不仅闪耀在国宴舞台上，还流传在百姓口碑中！

（文/伊　娜）

"金蝶"飞出"老香斋"

夏夜，月光如水，洒下一片清辉。漫天的繁星，镶嵌在夜空，似萤火隐约。微风轻柔，清凉拂面。我和老婆沿着南京东路遛弯。

在现做现卖的"老香斋"食品店，我挑选了几枚刚出炉的蝴蝶酥，作为次日的早餐。老婆见了深表诧异，怎么会挑选这个牌子的蝴蝶酥？距此地不远，就是国际饭店，那里的蝴蝶酥才是最好的。

是的，曾几何时，在上海人眼里，如果国际饭店的蝴蝶酥自称第二，没有哪家敢说第一。

张爱玲优雅下午茶的标配；第一家色香味俱佳享誉沪上的蝴蝶酥；上海白领的标志……国际饭店的蝴蝶酥有着太多太多的光环。近一个世纪以来，它始终雄踞上海乃至全国蝴蝶酥领域的巅峰。在人们心中，吃国际饭店的蝴蝶酥，与其说吃滋味，还不如说吃品位来得更为真切。

老婆的祖父家，坐落在北京路新昌路口，与位于黄河路的国际饭店售品部隔了两条马路。到国际饭店去买蝴蝶酥，是她小时候最爱陪着祖父去做的事情。

从小到大，"国际饭店蝴蝶酥最好吃"的说法，在她脑海烙下了深刻印记。像不少上海人一样，如要买蝴蝶酥，非去国际饭店买。

在很长一段时间里，我脑海也深植这观念。仿佛，唯有国际饭店的蝴蝶酥，才能代表上海蝴蝶酥生产企业的技能高度和制作水平。

记得1996年，我在上海宝山区政协担任一个单位的主管。彼时的区政协主席刘明生，是一个精神矍铄、浑身充满活力的老人。他祖籍江苏金坛，由于长期生活工作在宝山，对宝山有着深厚的感情。爱屋及乌，他对宝山的企业也有着与众不同的挚爱。

刘明生是我人生道路上的引路人之一，是他不拘一格将我作为人才引进到政协。对这位亦师亦友的领导，我打心底佩服。

许是长期从事党务工作（在到政协工作之前，刘明生是宝山区委副书记），他给人的印象是：原则性很强、严谨细致，工作热情、富有创造性。生活简朴，不吸烟、不喝酒，很讨厌请客送礼那一套。

有一次，与刘明生一起去拜访一位来自北京的客人。那位北京客人在上海长大，尽管离开上海到北京工作了几十年，但依旧爱吃上海糕点。途中，刘明生在一家食品店自掏腰包，买了几包老香斋生产的蝴蝶酥。

我见了，在一旁暗着急。看望北京的客人，送礼也该送点上档次或者是具有上海风味的好礼。即使送蝴蝶酥，也要送国际饭店的，而不是这不显山不露水的老香斋蝴蝶酥。因为这时候的老香斋刚投产不久，一切尚处于初创阶段，在市场上，品牌还没有打响，可以说是没有知名度。

刘明生似乎洞察了我的心思，笑笑说，看北京客人，带宝山生产的产品最合适。这家企业尽管刚落成不久，但我很看好它。他们的产品无论在制作工艺还是口味上，皆不逊于大厂名厂。领导就是领导，不会进行简单类比，但口吻和语气不容人质疑。

刘明生说，老香斋，是上海澳莉嘉食品有限公司生产的"老香斋"、"澳莉嘉（福娃）"两大品牌之一。专司糕点、糖果、饼干类食品生产。这家企业落成时，他去考察过，赞赏企业创办者在产品研发中保持中国传统风格，依托现代先进设备，创新工艺技术。以市场定位、市场营销为龙头的企业产销机制，"诚实守信、踏实苦干、创新求进"的立业精神，顺应时代潮流，强化质量安全管理，以生产优质可口食品为己任，从源头到产品终端质量安全层层把关。假以时日，必定引领上海食品行业新潮流。

说实话，当时对刘明生的这番"远见"，我不以为然。

不久，返京的北京客人，托人捎来口信说，这个宝山生产的蝴蝶酥，是他吃过的最好吃的蝴蝶酥之一。此话，印证了刘明生的眼光精准。

岁月匆匆，一晃20多年过去了，刘明生已作古西去。我也退休到一家商业机构发挥余热。2016年10月的一天，上海特色旅游食品——"南顺杯"蝴蝶酥技能大赛举行，应上海市食品协会邀请，我随领导前去观摩。

那天的比赛，在七宝城市超市举行。来自上海蝴蝶酥生产企业的高手济济一堂。选手们在指定的场地，用组委会提供的制作器具、原料，现场比武。

为公平起见，所有的成品隐去制作单位和制作者姓名，摆放于展台，由来自烘焙业界的国家级评委现场打分。

这是一场实力和智慧的博弈。七个评委态度严肃、一丝不苟，对每一只蝴蝶酥，从形态、色泽、口感、味道等多个方面，一一进行打分。

按照比赛的规则，去掉一个最高分，去掉一个最低分，再将评分相加，最高分获得者摘取金牌。

赛况激烈，经多番评定，名次终于揭晓："老香斋"的蝴蝶酥，以产品外观金黄诱人，口味香浓味醇，口感酥松易化，形似蝴蝶，楚楚动人等优势胜出。"老香斋"的师傅们一举拿下团体金牌和个人金牌（由于种种原因，国际饭店没有派选手参赛）。

评委中有一个老法师，是我在新闻报工作时就认识的。他曾在南京路的云华楼当经理，浸淫食品行业几十年，经验老道，经营点子颇多。当年，肯德基初进南京路时，他就推出了云华鸡，与肯德基对垒。用本土品牌挑战洋品牌，这在当时的食品饮食界是一件激动人心的大事，我们新闻报和上海其他媒体都对这件事进行了大幅连续报道。

岁月如梭，宝刀不老。老法师如今是上海烘焙行业屈指可数的国家级评委之一。谈及此次比赛，老法师接连用了三个"想不到"：想不到后起之秀会这么厉害；想不到上海烘焙业的实力会这么雄厚；想不到一个建厂才不过22年的企业，能够在强手如林的竞赛中夺冠。

他还意犹未尽道，长江后浪推前浪，江山代有才人出。后生可畏！

蝴蝶酥是海派糕点传承创新的经典之作。其制作工艺起源于欧洲，名称则是师傅们根据烘焙后的食品形象所命，有叫猪耳朵、眼睛、棕榈树叶等，按照中华民族的风俗喜好，业内外统称为蝴蝶酥。口味倾向于重糖硬酥，是咖啡的上好伴侣。上世纪初被引入我国沿海城市，当时大师傅都是穿着西装，系着领带，登着三节头皮鞋的高级职员。产品也是当时上层人士享用的

"奢侈品"。

苏东坡曾曰：小饼如嚼月，中有酥和饴。蝴蝶酥与中国莲花酥、千层饼等有着异曲同工之妙，隶属于酥层类糕点，是最古老的糕点疏松工艺之一，它无需疏松剂和添加剂来膨松，纯天然手工制就。

老法师介绍，老香斋融合了中式糕点的手工制作工艺，不断优化配置，注重原料的选择；注重工艺的细节；注重数据的量化。优选进口奶油和优质小麦粉等原料，现已有"轻糖蝴蝶酥"、"无糖芝士蝴蝶酥"、"松仁蝴蝶酥"等产品系列。

月弯弯，星灿灿，南京东路上依旧人潮汹涌。仰望苍穹，我不禁想起与刘明生一起看望北京客人，送老香斋蝴蝶酥的往事。

他的眼光是何等的敏锐。"泉眼无声惜细流，树阴照水爱晴柔。小荷才露尖尖角，早有蜻蜓立上头。"为了扶持地域经济，他敢于鼓与呼。尽管，他所做的一切，并不为"老香斋"所知晓。他也从没有在任何人面前谈及此事，他只是在尽一个共产党员的责任。这也是他最难能可贵之处。

对老香斋金牌蝴蝶酥，他是个局外人，与之没有任何利益关系。他又是局内人，曾经默默关注它，用自己博大的情怀容纳、扶持它成长。正是拥有许许多多人的支持，拥有合适的土壤、阳光、雨露，拥有不懈努力的拼搏精神，老香斋，才能从一个名不见经传的牌子，成长为经典品牌。

如今，老香斋成功了，金牌蝴蝶酥成了网红。刘明生若在天有知，一定会笑到开怀。

可惜的是，由于缺少广告推广，这个品牌的知名度还有待提高。响鼓用重锤！距离真正成为大牌，金牌蝴蝶酥还有一步之遥。此说，不知老香斋以为然否。

（文/清　水）

海上奶油"第一掼"

　　"牛奶棚"里的牛奶，曾是上海人悠闲生活的一部分。喝牛奶、吃冰激凌、品甜点，"牛奶棚"记取了许多甜蜜的生活片段。上世纪90年代，"牛奶棚"变成了酒家，又因种种原因，悄无声息地消失了。2001年，以"牛奶棚"命名的糕点店重现上海滩，它不事声张，却惹人瞩目，目前连锁门店已达230家。

　　这是一家以"西点+牛奶"为特色的烘焙连锁企业，之所以叫"牛奶棚"，那要追溯到几十年前：在淮海中路，一阵特殊的气味吸引了往来路人……

　　这气味是从一扇竹爿编的大门里散发出来的，它就是牛塒味儿，而这里便是上海乳品二厂旧址。但当时，很少有人会称其为乳品二厂，更多的人亲切地称它"牛奶棚"。

　　上世纪60年代，这里还能看到很多奶牛，黑白相间的奶牛被铁栏杆围着，地上散放着牧草，挤出的新鲜牛奶经过简单的加工分装，直接被送往商店和订户手中。那时的鲜奶都是瓶装，没有现在这么多的包装花样，但里面的牛奶绝对货真价实。

　　装牛奶的是那种老式的牛奶瓶，瓶口盖一张浅咖啡色的蜡纸，纸上有牛的图案和出品单位，大约记得是印着上海乳品二厂，纸用蜡线扎在瓶口，去掉这一层纸，还有一个复在瓶口凹槽中的厚纸盖，揭去纸盖，就看见牛奶了。纸盖上粘有一层厚厚的奶油，通常"吃客"会随手"舔"净。那时，新鲜的牛奶有点腥味，还有点淡淡的咸味，喝到嘴里则是浓浓的奶味。

　　上世纪70年代后期，健康概念开始流行，喝牛奶成为一种保健养生的方式。然而，在很长一段时间里，牛奶一直供不应求；对于老百姓来说，更是"一杯难求"。

其实，上世纪70年代初期，奶牛就不见了，只见原来饲养奶牛的大棚成了牛奶加工车间。每天有几辆槽罐车从近郊农村将牛奶运来，在车间加工分装，常见槽罐车晚上进行清洗时，洗槽罐的水流淌到昌平路上，与现在的牛奶差不多浓。

上世纪80年代中期，作为饮品店的"牛奶棚"已经蛮有名气了，周围的居民将它视作地标。比如，谁要到江宁路去办事，有人就会告诉他："就在牛奶棚那边。"

上世纪70年代末80年代初，乳品二厂食堂改建，破墙开出一家饮品店，卖四种商品：光明牌棒冰、光明牌雪糕、光明牌冰砖和光明牌攒奶油，尤以"攒奶油"风靡一时。因为当时攒奶油以及它所代表的"生活方式"在上海滩绝迹已经20多年了。那时候，要找回"小资情调"的人比比皆是。

这个地方便是"牛奶棚"了。一百多平方米的店堂内，放上铁凳子铁椅子，天花板上吊着几个电风扇，到账台付了钱，拿着一张小纸条到原来打饭的窗口去取饮品，棒冰4分、雪糕8分、大雪糕1角2分；简砖1角9分、小冰砖2角2分、中冰砖4角4分，大冰砖7角6分；攒奶油4角一小碟（一种高脚小碟，口径只有8公分）。

彼时，情侣恋爱，几乎都要去"牛奶棚"约会，吃上一杯攒奶油，如同现在都要去咖啡店一样。"卿卿我我"间，吃上一口甜香爽滑的攒奶油，浓情蜜意更添几分。从屋后牛舍挤出的新鲜牛奶，被加工制成一杯杯精致美味的"攒奶油"。在情调和味蕾双重满足下，情侣们吃得健康、安心。

随着人流增多，"牛奶棚"的攒奶油成了稀缺品，因为装攒奶油的是那种高脚小杯，只能堂吃，排队的人不断增多，也带动了棒冰等其他产品的销量。但人们还是热衷于吃到一口攒奶油。那时候攒奶油的价格不算便宜，当时青年人的工资是36元，而一杯攒奶油就要4角，相当于吃了一顿大餐的价格。那时，弄堂里的大人总是教自家及邻家的小姑娘"门槛要精"。千万不能"一碗小馄饨（或阳春面）就被别人家骗得去了"！最起码也得是"攒奶油"啊！

人类喝牛奶的最早记录，出现在6000年前古巴比伦一座神庙的壁画上。同在那时期，古埃及人已经使用牛奶作祭品了。埃及神话中象征丰产和爱情的神"哈索尔"就长着一颗奶牛的头。在《圣经·旧约》中，牛奶一共被提及47次。上帝许给以色列人的乐土，就是"流奶与蜜之地"。

上海人很早就有喝牛奶的习惯。资料显示，开埠之初，上海的牛奶及奶制品都是为满足外侨的饮食习惯而生产销售的。鸦片战争后，各国列强在上海等地设立租界，侨民纷至沓来。作为西方人重要的日常食物，牛奶以舶来品身份漂洋过海来到中国。

受西方人饮食习惯的影响，华人开始食用牛奶。当时中国本土牛奶行业极不发达，由于消毒设施和冷链设备还不够完善，上海市场上贩卖新鲜牛奶的乳场不多，国人食用的乳制品几乎都是进口奶制品。

经由知识分子与牛奶商大力推广，1910年到1920年十年间，上海饮用牛奶的人增加了一倍。然而牛奶价格不菲，几乎可列入奢侈品范畴。一些普通工人家庭，一天的收入还不够买一瓶牛奶。因此，牛奶消费者大多是租界中的外国人、买办阶层以及经济宽裕的人士。

上世纪20年代中期，受"与洋商争利"的商战思潮和实业救国精神的影响，许多留洋学成归来以及国内的有志之士，掀起一轮自办乳场及乳品公司的高潮。至上世纪30年代初期，随着牛乳行业的发展与市场需求的持续增长，牛奶制品的价格逐渐下降，不再仅仅出现在高档的百货商店和药店，而是向普通的食品店及南货店拓展。

牛奶出售地点变化的同时，各家牛奶公司为吸引顾客，在广告营销上可谓"用尽十八般兵器"。几乎所有的牛奶广告都呈现出一种与美好生活和健康体魄或明或暗的联系：乳粉广告中奶粉罐总是与一个白胖活泼的婴儿相配；强调"冬令进补"的鲜牛奶将自身与老山参、燕窝等传统滋补品比肩而列，仿佛推销的不是牛奶，而是一种健康洋气的生活方式。

除了在报纸杂志的平面广告上下足功夫，牛乳商还致力于营销手段的推陈出新，纷纷推出赠送样品、礼品、免费试饮等促销活动……

通过尘封的档案，还能看到当年奶农和牛乳商们不堪回首的记忆。

沉沉浮浮，牛奶棚和攒奶油随着时代的变迁，再一次消失在人们视线中……这一时隔，就是二十多年。

2001年，上海乳品二厂所属的上海牛奶（集团）有限公司与光明乳业分体运作，就业矛盾突出，如何解决再就业的难题，摆在了牛奶集团的面前。

焦头烂额之时，几个牛奶公司的下岗职工站了出来，给集团领导写了封信，信上的内容大致是这样的：我们都是牛奶公司的老职工，现在下岗了，没有工作了。可我们还有激情，还能干，请求领导让我们重拾"牛奶棚"这一支老品牌，开一家烘焙店，卖牛奶做西点，让下岗工人们再就业。

曾经家喻户晓的"牛奶棚"就这样，开始焕发第二次生命。由于原来乳品二厂的旧址被改建成了上海图书馆，第一家店就开在了江宁路上乳品一厂的位置。店员都是在牛奶公司干了十多年甚至几十年的老职工，对于奶制品的制作得心应手。再者，牛奶集团强大的奶源供给后盾，保证了牛奶和西点原料的新鲜。他们找到了当年攒奶油的配方和打发技术，这是牛奶棚的招牌，先做好一杯攒奶油再说吧！果不其然，攒奶油还是当年那个味道，来牛奶棚的顾客也随之增多，起初都是老上海人，后来年轻人也多了起来，时过境迁，虽然很多东西都有所改变，但留存在记忆里的味道和久远的故事一直未变。

"牛奶棚"用心做出了美味，得到了大家的认可，从起初一家小店到如今分布各区域两百多家门店，风雨中又走过了十六个年头，玻璃冰柜里的奶牛斑点纸杯装着一层层乳白色的甜蜜，掩藏着许许多多的秘密，吃上一口，你就能发现一个有趣的故事。

如今，上海很多烘焙企业都在做攒奶油。殊不知，攒奶油和牛奶棚的渊源最为深厚，其鼻祖是"牛奶棚"。

（文/伊　妮）

蝶舞"城超"馨自远

七宝的清晨，阳光和煦。沿途的香樟枝繁叶茂，我孑然一身，漫无目的地走在大街上。无意中，瞥见道旁有一家城市超市，便不由自主地走了进去。

店面很大，上下三层，被细心的店家布置得井井有条，货架上多为进口商品。沿着楼梯爬上三楼，墙壁是温暖的淡黄色，窗帘是温馨的淡蓝色，地板是庄重的褐色，柜台是用檀香木制成的，散发着素雅的芬芳。

"嗨！"一个甜美的声音传来，原来服务员是个姑娘。"嗨！"我向她招了招手，姑娘长相恬静可爱，头发是卷卷的金黄色，睫毛很长，眼睛是深邃的黑色，瓜子脸上还有一对梨涡。"你很漂亮噢！"

"谢谢，"女孩子有些腼腆，"您要买什么呢？"

"嗯，你推荐一下，要不就本店的招牌吧。"

"行，给您来一份我们超市自制的蝴蝶酥，好吗？"

蝴蝶酥，好温馨的名字。

姑娘麻利地递上一份精致的糕点，开始跟我聊起天来。我也很乐意，因为我喜欢她清纯的气质。

所谓蝴蝶酥，就是一块蝴蝶形状的米黄色糕点，状如蝴蝶展翅。因着面团里裹了涂抹均匀的黄油，层层叠叠，酥脆有致。

这家店的蝴蝶酥小巧精致，口感酥酥，奶香味特别浓郁诱人，吃到嘴里滑滑的，暖暖的，可口极了。

我边狼吞虎咽，边笑着夸奖她："很好吃噢！"

"当然啦，这是我们超市的明星产品。"女孩嫣然一笑，"感觉如何？"

"香甜温暖，配着店里的环境，还真舒服。"

"呵呵，喜欢就常来啊！"

在上海，有近百家制作销售蝴蝶酥的企业，其中不乏一些经典的老牌西点房，各家企业的蝴蝶酥也有不同特点，例如国际饭店有口感酥脆的大个头蝴蝶酥、哈尔滨食品厂有紧致扎实小饼干似的蝴蝶酥。与老牌西点房相比，城市超市自制的蝴蝶酥虽名气不及，但别有韵致，绝非俗物。能够将这款海派西点从缤纷时尚的进口商品中凸显而出，凭借的是其毫不含糊的品质和味道。

走出城市超市，我忽然感觉心里充实了许多。

蝴蝶酥本是一款流行于德国、西班牙、法国、意大利、葡萄牙和犹太人之间的经典西式甜点。人们普遍认为是法国人在20世纪早期发明了这款甜点，也有观点认为首次烘焙是在奥地利的维也纳，所以这款甜点没有一个确切的起源地。一般认为，蝴蝶酥的发展是基于对果仁蜜饼等类似的中东甜点烘烤方法的一次改变。因其外形，在西方有"棕榈树叶"、"象耳朵"等形象的名称。而在我国，被称"蝴蝶酥"。

传入上海后，中西通吃的酥皮，不必发酵的简单烘烤方法，以及奶香酥脆的口味，使蝴蝶酥逐渐被这座城市所容纳、喜爱。经过发展转变和本土创新，结合上海人口味，它成了具有上海风情的中式酥皮点心，是典型的"海派西点"之一。从黄发垂髫吃到白发苍苍，很多人对蝴蝶酥，一爱就是一辈子。年幼时，随父母去采买之；年迈时，领着孙辈去"承袭"之。

虽然，蝴蝶酥的价格一直不便宜，但它的味道总让人惦记。正如梁实秋在《雅舍谈吃》中所说，"人之最馋的时候，是在想吃一样东西，而又不可得的那一段期间"。对于美食，如果惦记而不得，岂不太痛苦了！

我第一次吃到蝴蝶酥是在读大学的时候，学校有个食品厂，生产蝴蝶酥、拿破仑等起酥点心。食品厂在学校里设有门市，我们下课时会从那里经过，闻到香味，免不了看上几眼。读书时不舍得花钱买蝴蝶酥吃，常买2块钱一斤的酥皮碎屑，拿回来后左右晃一晃，大块的就晃到表面来了，有时候会有表面积约2-3平方厘米的蝴蝶酥碎块，感觉跟中了奖一样。

作为海派点心的上海蝴蝶酥，相对西式蝴蝶酥，在油和糖上有所减少，色泽金黄，口感丰富，酥脆喷香，只需浅尝一口就能感受到甜蜜。酥皮丰富有序的纹理，粘着满满的砂糖粒，酥香诱人，咬下去，一声爆脆，甜蜜尽散口中。那滋味，妙极了！

蝴蝶酥的主要原料是面粉、黄油、白砂糖。用料虽简单，但从揉面、涂抹黄油、切面，到冰箱冷冻、入炉烘烤，每一个制作步骤都要求严格，马虎不得。蝴蝶酥的酥皮经过反复对折，在烤箱里烘焙之后，变成了振翅欲飞的"蝴蝶"，质地轻盈，酥脆有质感。

蝴蝶酥完美的口感和味道，很大程度上要归功于它所使用的原料：黄油、面粉、水和糖。越是简单的原料，越能凸显制作者的不简单。而作为主营进口产品的高端超市，城市超市对自制食品的原料更是讲究。

判断一枚蝴蝶酥好不好吃，要从色、香、味、形等各方面来看。一般来说，市面上卖得最好的蝴蝶酥，从技工的制作工艺就能看出一斑。

包酥皮时，黄油一定要均匀，才能保证吃到嘴里的每一口都有饱满的奶香；擀面时，厚薄和大小要一致，用刀切出的体积才不会有太大误差，才能让蝴蝶酥的口感足够均匀平衡；成品在冰箱里冰冻的时间和烤箱里烘烤的时间也大有学问。只有严格把握关键细节，才能做出馥郁酥脆的蝴蝶酥。

蝴蝶酥对制作工艺要求如此之高，即便是具有多年技艺经验的老师傅，也不敢保证出炉的每一个蝴蝶酥的纹理和口感都能达到百分百完美。据上海市西点高级技师周志刚介绍，"想要掌握蝴蝶酥的制作技艺，不花上8年的时间是学不出来的"。看似简单的一枚蝴蝶酥，背后饱含制作者的辛劳。

这家店的蝴蝶酥之所以具有浓郁的奶香和麦香，是因为它使用了优质面粉以及进口的意大利艾伯丝黄油。意大利进口黄油的纯正奶香，为蝴蝶酥赋予了"未尝其味、先闻其香"的嗅觉魔力。

西点制作既是一门技术，也是一门艺术。于细微之处追求变化和完美，不断激发出创造力和可能性，使所制之物焕发出新颖的外观和诱人的口感。对于老上海人熟悉的蝴蝶酥来说，更是容不得一丝懈怠。

对城市超市的面点师俞犇豪来说，虽然已经是再熟练不过的步骤，但他依然专注而认真地对待每一个动作。层层酥皮反复对折，放入烤箱精心烤制，最后等待蝴蝶酥化茧成"蝶"。

他所制作的蝴蝶酥曾在2016年上海特色旅游食品蝴蝶酥技能大赛中摘得银牌。虽然他每天制作蝴蝶酥的数量并没有大牌西点店那么多，但少而精、很用心，每片蝴蝶酥都凝结着他十二分的精诚赤心。

城市超市的蝴蝶酥每日鲜焙手工制作，不含添加剂，无反式脂肪酸。酥脆有致，甜蜜不腻，适合男女老少的普遍口味。既具有时尚的西式做派，又有上海的老式风情，这一枚小小蝴蝶酥，透着黄油诱人的奶香和嗲嗲的酥气，让人们流连美味的同时，感悟一座城市的历史。

几片蝴蝶酥，空气中奶香四溢。冲泡上一壶咖啡，伴着几片香香脆脆的蝴蝶酥，砂糖的清甜在咖啡的微香淡苦中变得平和，这样的搭配会让整个下午茶时光变得悠哉。这难道就是传说中张爱玲的下午茶标配？

口味甜脆的蝴蝶酥，自己享用当然是难忘的曼妙时光，若将好东西拿出来分享，岂不快乐加倍！这或许也是许多游客购买旅游食品的初衷。

再好的食品，最终都需要经受顾客味蕾的检验。以前家住静安的元元最爱吃凯司令的蝴蝶酥，拆迁到闵行之后，偶然机遇下尝到了城市超市七宝店的蝴蝶酥，自此吃客便有了新归宿。端午假期去外地见朋友的她，特地到七宝店选购了几盒。长居北方的朋友品尝后啧啧赞叹……蝴蝶酥就是这样吃完还需舔净手指的存在。

（文/清　水）

豆乳茶香凝方寸

大凡名家写文章，总能在清淡隽永的文字中，给人一种脱俗的感觉。近日读知堂先生所写《喝茶》一文，此种感觉尤甚。

知堂先生在文中说，江南茶馆中有一种"干丝"，用豆腐干切成细丝，加姜丝酱油，重汤炖热，上浇麻油，必以供客，其利益为"堂倌"所独有。豆腐干中本有一种"茶干"，今变而为丝，亦颇与茶相宜。在南京时常食此品，据云有某寺方丈所制为最，虽也曾尝试，却已忘记，所记得者乃只是下关的江天阁而已。学生们的习惯，平常"干丝"既出，大抵不即食，等到麻油再加，开水重换之后，始行举箸，最为合式，因为一到即罄，次碗继至，不遑应酬，否则麻油三浇，旋即撤去，怒形于色，未免使客不欢而散，茶意都消了。

三言两语，将江南人吃豆干的细节描写得惟妙惟肖。

豆腐是中华民族的传统佳肴，其历史非常悠久。据载2000多年前的西汉时期，淮南王刘安为其母养病，自创磨豆煮浆之法，其母食后果愈，始有豆浆；后又于炼丹之时，偶将石膏点入豆浆，遂成豆腐。宋代词人苏东坡诗中"煮豆为乳脂为酥"的佳句，就是描写这一传统豆腐技艺的。

知堂先生赞曰：豆腐是极好的佳妙的食品，可以有种种的变化。自从发明豆腐后，中华民族凭借着勤劳智慧与不断创新的精神，在豆腐的基础上衍生出豆干、卤豆干等食品。现如今，经过清美的传承和创新，豆干这一历史悠久的传统美食早已不单单出现在餐桌上，它正以另一种更加飘逸的形态——即食休闲豆干，常温保存，随身携带，开袋即食，存在于我们的生活中、旅途中和欢聚的每一刻……

我常用清美豆干来炒芹菜，或者将南风肉切丝炒豆干，加点料酒、葱姜和冰糖，味道极为鲜美，是三伏天极好的佐饭菜。

"辣酱辣，麻油炸，红酱搽，辣酱拓：五香油炸豆腐干。"在旅游景点附近，常见有人挑担设炉镬，沿街叫卖。一寸见方的五香油炸豆腐干，色泽金黄，10元10块，不贵，既能解馋又能饱腹。

我很赞同知堂所说，我一直感觉"吃"不是一种文化，而是一种情趣，而万事都是有情趣之人，才能将乏味的生活变得丰富些。

我之所以喜欢清美的休闲豆干，不仅在于它营养丰富，含有大量蛋白质、碳水化合物等人体所需的营养元素，鲜香味美，韧劲十足，久吃不厌，是旅游休闲、朋友聚会、午后垫饥的上佳选择；而且很欣赏"清美人"在豆干这一老产品上，演绎出的新韵味。这种"新"，首先表现在原料、辅料、水源等的自然新鲜。决不贪图便宜，以次充好。清美公司已在东北建立20万亩非转基因大豆种植基地，确保清美休闲豆干的原料来自于此，阳光黑土地培育出粒粒饱满的非转基因大豆，辅料只选用特级盐卤、名牌厂家的香辛料和天然绿色产品，辅以纯净水生产，确保了清美休闲豆干的内在品质和食品安全。

其次，表现在对传统工艺的革新。通过自主工艺革新，清美"将豆腐干压机由液压改进为气压"的技术创新，已获上海市职工合理化建议项目创新奖，该技术成功模仿传统豆干手工压榨的工艺特性，不仅保留了传统豆干的口感和风味，且更卫生、更安全、更高效。空气压机压力高，比传统的千斤顶压榨和液压压榨压力高，成型速度快，安全卫生。气压压榨机配有气压压力表和切压阀，当压力达到一定高度时，由压力表控制的泄压阀介入工作，保证了气泵压力始终均匀可控，从而避免了由于压力过大对机器和产品的损坏。使用起来简单安全，和传统的千斤顶和液压设备相比，生产效率大大提高。

再次，表现在高新技术的应用上，清美休闲豆干的每一道生产工序都有严格的数据化的工艺标准，不可随意变更。生产过程要经过清洗、浸泡、磨豆、浆渣分离、煮浆、滤浆、点脑、凝固、压榨、划胚、成型、卤制、包装、杀菌、清洗、风干、检测、装箱18道严格工序，且全程由电脑控制完成。选用天然的香辛料，慢火恒温煨卤4小时以上，每5分钟就要翻炒一次，电脑自动完成翻炒，让豆干完全且均匀地吸进卤汁，确保每包清美休闲豆干口味始终如一。清美作为豆制品行业的高新技术企业，将传统豆制品工艺与高新技术成果创新融合，使传统休闲豆干的制作技艺向标准化、数据化和现代化迈进，食品安全和产品附加值进一步提升。

最后，还表现在对美食理念的传承和创新，清美积极顺应当下追求营养、健康的消费潮流。作为"五谷元老"的大豆，素有"植物肉"之称。其中含有40%蛋白质，20%碳水化合物，5%粗纤维，另含有多种矿物质和维生素，钙含量是牛肉的20倍，铁含量是牛肉或牛奶的近10倍。清美休闲豆干具有蛋白质含量高、易消化吸收、口感丰富似肉等特点，同时含有钙、铁等人体需要的矿物质和维生素B1、B2等，不含胆固醇，对肥胖、动脉硬化、高血脂、高血压、冠心病等人群大有裨益。

说起豆制品，口味刁钻的上海市民很难被糊弄。以内酯豆腐为例，无网技术的应用让清美豆腐上了一个新台阶。内酯豆腐国内加工采用的是滤网技术，过滤网格无论多细，难免带有一点大豆纤维，带有大豆纤维的豆腐韧性不好，口感粗糙，市民难以认同。清美采用德国无网技术，以上千万一台的高价引进卧式离心机，用于豆渣和豆浆的无网分离，进一步提高内酯豆腐的爽滑和韧度，赢得沪上市民喜爱。

清美休闲豆干入口硬中带软，软中有嫩，韧劲十足，好味道，有嚼头。将传统卤汁豆干与现代包装工艺融合，根据不同消费场合的需要，设计了散装休闲小包装、随手包、礼袋装、礼盒装等多种规格和包装样式。真空铝箔小包装，高温灭菌，可常温保存，食用更方便。而且每一款清美休闲豆干的包装都已申请包装设计外观专利，确保每一款产品都拥有独一无二的气质和风格。

传统的豆制品大多是为餐饮服务的，这就使得豆制品的消费非常局限。清美顺应休闲文化潮流，借鉴休闲食品的技术、工艺和包装形式，开发了以大豆植物蛋白为主要原料的休闲豆干、休闲熟食和休闲饮品系列，根据消费场景需要开发7天-9个月不等的不同保质期的产品。

仅仅一个休闲豆干品种，现在就有铝箔豆干系列（龙井茶香、五香卤味、川蜀香辣、老坛泡椒）、散装豆干系列（五香豆干、川辣豆干、海鲜豆干、湘辣豆干、龙井茶干、素牛肉、素香肠、素肫干、五香鸡蛋豆干、泡椒鸡蛋豆干、川香脆干、菇香脆干）和节庆豆干系列，共三大系列18个品种。

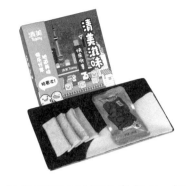

豆制品是高蛋白产品，磨浆两小时后，温度下降到30摄氏度左右，细菌繁殖相当快。经过反复研发试制，清美发明了冷链交换技术，磨制后的高温豆浆通过冷链交换器瞬间降至5摄氏度，跳过30摄氏度左右细菌容易繁殖的恒温期，再加卤点浆，并在豆浆凝固之前灌装，保证了豆制品的鲜度，接着进行成品的巴氏杀菌，细菌就很难生存。最后进入冷藏库房保存，冷藏车当天运输，当天送达各零售网点的冷库或冷柜。这种无缝对接的冷链产销方式，极大限度地保障了豆制品的新鲜。采用冷链产销模式后，清美产品从当天保鲜变成7天保鲜，销售半径由原来的30公里达到1000公里，长三角地区每天都能吃到新鲜可口、品质如一的清美豆制品。

现在，清美在长三角地区已开设品牌专卖店3000多家、超市品牌专柜4000多家，上海的市场占有率超过五成。中国食品协会豆制品专业委员会的数据表明，清美豆制品已经连续多年在全国豆制品产销量中遥遥领先，稳坐"中国豆制品大王"宝座。

到上海旅游或者出差，带点什么食品给亲友呢？这个让人头疼的问题，也有了"清美答案"。清美深谙这部分需求，专门开发设计的"上海的礼物"清美礼盒，几十种清美休闲美食随心搭配，让他乡人也能尝到"上海的味道"。

（文/青　梅）

玫瑰花茶酽芬芳

初夏的夜晚，沐着如银的月光，泡上一杯玫瑰花茶，就着玫瑰花酥，伴着一首天籁般的弦乐，静静地看着红色的玫瑰在杯子里一朵一朵苏醒。淡淡的香气，随着花瓣的巧笑轻轻弥散，慢慢升腾，香渺渺，韵袅袅，如云之飘逸，如雾之曼妙，如风之清灵，徐徐地，在我心上，在我眉间，轻缠，轻绕……

玫瑰花茶和花酥是一位发小从崇明横沙岛带来的。

用玫瑰花制茶、做酥饼，古已有之。据史料记载，鲜花饼早在300多年前的清代由一位制饼师傅创造。它具有花香沁心、甜而不腻、养颜美容的特点，故广为流传。

晚清时的《燕京岁时录》记载："四月以玫瑰花为之者，谓之玫瑰饼。以藤萝花为之者，谓之藤萝饼。皆应时之食物也。"食用玫瑰花的花期有限，而这种饼只用食用玫瑰花的花瓣，也是鲜花饼颇显珍贵的一个原因。随着鲜花饼名声的日益响亮，经朝内官员进贡，它一跃成为宫廷御点，深得乾隆皇帝喜爱，并获钦点："以后祭神点心用玫瑰花饼不必再奏请即可。"

来自横沙岛的玫瑰花酥饼，是我所吃过类似糕点中味道极赞之一。小口吃的话，外皮酥得掉渣，香酥可口，越嚼越香。内馅很有嚼头，吃后满口留香。

这玫瑰花茶、酥饼，是横沙岛上一家叫作悦采香的农场生产的。悦采香是早年上海一家小有名气的老字号点心店，它承载了许多上海人"小辰光"的美好记忆，后来没落了；如今被农场主胡珀用来作为农场的名字，她想把"悦采香"打造成崇明记忆、崇明品牌，直至成为游客来崇明旅游必带走的伴手佳礼。

2013年，"提前退休"的胡珀在和朋友谈论"余生如何度过"时，萌生了到农村种食用玫瑰的想法。随后，他们相中了上海唯一"留白"的小岛——横沙岛，来到岛上租下250亩农田，建起了悦采香玫瑰农场，种植法国食用墨红玫瑰花。

中国的玫瑰、月季、蔷薇等，在西方统称为"rosa"（蔷薇属，拉丁语词源，英语为"rose"）。"玫瑰"在全世界有一万多个品种，中国有500多个品种，长三角地区有400多个品种，但是大多为"观赏玫瑰"，食用玫瑰不多。根据国家卫计委公告，能作为普通食品生产经营的是重瓣红玫瑰。

其实，上海的气候并不适合种植食用玫瑰，许多在上海尝试种植食用玫瑰的人都经历过种种坎坷。食用玫瑰花是阳性花卉，喜凉爽、耐寒、耐旱、怕涝，而上海的气候特征是"双高"——湿度高、温度高，所以这种法国食用玫瑰是当时无奈之下的"最优解"。第一年，悦采香玫瑰农场尝试种下了50亩，遇到了"水土不服"的难题，玫瑰苗存活率极低，损失很大。

幸运的是，云南一位食用玫瑰专家向悦采香玫瑰农场伸出了援手。地表水水样、地下水水样、土壤样品……专家多次在横沙与云南之间往返，一份份样品被带走，一个个数据分析报告产生，嫁接、实验、再嫁接、再实验，耗时一年，适应上海气候的食用玫瑰——"悦香1号"终于诞生。第二年，"悦香1号"在小岛上"安家落户"，摇曳出一片花海。

在发小的"诱惑"下，一个清风徐徐的早上，我来到悦采香农场。阳光穿过树荫，投下星星点点的光斑。轻轻的风，裹着季节错落的惬意，带着玫瑰花的清香，携一缕情思，如心底的山光水韵，飘过绿肥红瘦的院子，沁人心脾。

啊！人生最美不过懂得欣赏。一种难以言状的情绪涌上心头。

农场的玫瑰田里，玫瑰花的茎笔直笔直，还带着几根小刺。深绿色的叶子是橄榄形，又软又薄，边缘成锯齿状。它们还是未开放的花骨朵儿，含苞欲绽，如同娇羞妩媚的少女，笑脸含春，美丽极了。

花瓣中间有金黄色的花蕊，花蕊顶端粘着花粉，散发出阵阵醉人的芳香，引来蜜蜂"嗡嗡"、蝶舞翩翩。

玫瑰田里，植株的间距相当大，田间还有不少杂草。不打农药，不施化肥,一切顺应大自然的生物链法则。蚯蚓是松土的好帮手,青蛙是捉虫的小能手,杂草的本领也不容小视,据说,一定比例的杂草可以帮助保持土壤中的水分。如果杂草多了,农场就会请村民人工除草,遵循"环保、生态"的自然农耕理念。

受一位用生物酶进行污水处理的朋友启发,胡珀还尝试使用酵素灌溉。他们把不合格的花朵用来制作酵素,酵素可以当肥料,其中含有的生物酶可以杀虫。将它稀释,喷洒在植物上,可以杀死部分昆虫。更重要的是,没有施加农药和化肥的土壤会慢慢自我净化,形成更为良性的生物循环。横沙是河口冲击岛,土壤呈碱性,板结较严重。经过几年用酵素杀虫施肥来净化土地,如今田里的土已经从黄色转为黑色,土地开始恢复肥力。

食用玫瑰花的采摘是一项十分考究的工作,必须在每天清晨伴着晨露开始,至上午九点左右便须结束。因为之后气温开始上升,鲜花的香气会随之挥发,进而影响花卉品质。

"活血理气、平肝解毒,对噤口痢、乳痈、肿毒初起、肝胃气痛",这是《本草纲目拾遗》对食用玫瑰花的疗理功效的记载。食用玫瑰花不仅仅可驻颜美容,同时可供给人体营养,具较高的医疗价值。营养专家对食用玫瑰花进行微量元素分析,结果表明,食用玫瑰花比普通蔬菜含有更丰富的营养元素,具有较高的保健价值。食用玫瑰花味甘微苦、性微温,归肝、脾、胃经,芳香行散,具有舒肝解郁、和血调经的功效,是天然健康的滋补佳品。

食用玫瑰鲜花烹饪向来不拘一格,可制点心、热炒、做汤,亦可作为调味品,出品多口感清淡。烹调方法可凉拌、炒、煎、炸、汆、蒸等,也适用于多种方法综合食用。

渐渐,太阳爬到了头顶正上方。农场里的客人也多了起来。他们都是利用假日来城郊寻觅清净、渴望拥抱自然的都市人。

胡珀一边热情地招呼他们自助享用特色玫瑰花饭,一边关照他们务必"光盘"。"做了农民之后才深刻体会到什么叫作粒粒皆辛苦,浪费不得。"她认真地跟客人解释。

"哇,这个茄子好好吃啊!"

"这个炒蛋也很香。"

"怎么全是素菜也那么鲜呢?"席间,不断听到客人对饭菜的赞美。

虽然早已见惯客人们的这种反应，但她依然很开心，笑着告诉大家，这些蔬菜都出自自家和邻人的田地，也许是因为没施农药、化肥，再加上现摘现做，特别新鲜可口。

饭后，客人们在花田散步。"快来看，田里有小龙虾！"不知是谁喊了一声。众人立即聚拢过去，胡珀的女儿也闻声奔跑过去。

看着女儿在田间欢笑奔跑，她很是欣慰地说，如今只要隔段时间不来横沙岛，女儿就会想念田间生活，想念这些下河摸螺蛳捉螃蟹的自然之趣。

"做环保是需要投入资金的，我不希望这块田是个纯烧钱的项目。如果我们农场上产出的玫瑰花茶、玫瑰酵素、玫瑰果酱以及玫瑰手工皂，还有农庄休闲体验能够形成一整套旅游观光和销售产业链的话，就可以用土地的产出，重新回馈治理土地本身，那就圆满了。"

她这样憧憬玫瑰农场的前景：只要让别人看到自然农耕法的成功，那么我的这套酵素灌溉法就有希望得到推广，那么更多的土地就有可能得到休养和康复。这是我作为一个新农人最希望看到的结果。

饭后，我慵懒地坐在农场的绿荫下，浅浅地呷一口玫瑰泡成的茶汤，细细品味，一如三毛所说：饮茶必饮三道……

第一道，清香中略带涩涩的苦；

第二道，浅浅的香气绕唇，既有清晨玫瑰花含苞带露的幽香，又有银白月光下玫瑰花汩汩萌动的暗香；

第三道，微微的恬淡如风，是萦绕在唇齿之间的那份回味甘醇，和遗留在杯中以及弥漫在空气里的缕缕香气……

在芬芳的鸟语花香里，我与花瓣清亮的眼神对望，恍兮惚兮，附着意，附着象。恍兮有意，惚兮有象。所有的动荡与浮躁，所有的纷扰与繁杂，随着玫瑰花的香气含羞而去。

此刻，手中这杯温润的玫瑰花茶香气四溢，将那停在眉间的淡然，那凝于脸上的闲适，氤氲成一个雅致而恬淡的我，不去看风花雪月，不去理红尘里的涛走云飞，能够宠辱不惊，淡定而从容。

（文/郁　蓝）

人间至味是"桂冠"

周末，在家看野夫的《看不见的江湖》。书中，他写了一个拥有烧制卤肉法门的一级厨师黎爷。烧卤肉大都知道放五香八角等，但真正的窍门是在锅盖上，不盖锅盖的肯定比盖了的差；铁锅盖、塑料锅盖肯定比木锅盖差，杂木的锅盖肯定比水杉木的差，水杉木的新锅盖肯定远不如用了半辈子的老锅盖，因为几十年老汤的那种熏香，全在这木头里藏着，当热气蒸腾时，被锅盖压着倒逼回去，那香料的香，才能深入肉缝，这叫煨。

世界上的事情就是如此简单，独门秘诀一旦解码，也就没有秘密可言。难就难在探索的过程。同理，一个菜肴的质量优劣，与食材很有关系。没有合适的食材，哪怕你拥有十八般烹调手艺，也是白搭。对此，我深有体会。

前几天，孩子突然对我说，老爸，我要吃沙拉鲜果鱼排。"OK，没有问题。"这个菜是我这个业余七级厨师（自封）的保留节目。

周日早上，我到日月光的食品区选购做沙拉所需的食材。不巧，那天经常买的桂冠沙拉酱缺货，于是，就转而去买了另一个品牌的沙拉酱。回到家里，按照沙拉酱100克、三文鱼50克、火龙果50克、蜜瓜50克、樱桃2-3粒、薯片10片、芥末5-10克的配方，进行精心制作。

一切搞定后，我将鱼排端到饭桌上，想博得孩子的一番夸奖。想不到孩子一尝，皱起眉头，直嚷，不好吃。说罢，气鼓鼓扔下筷子离开饭桌。"往日，不都是这么做的吗？你一直说好吃，今天怎么就不好吃了？"我纳闷地发问。"不好吃，就是不好吃。"孩子很不耐烦地回道。

老婆闻讯过来，拿起筷子，夹了一块三文鱼送进嘴里，咀嚼了一番后，说，你今天买的是什么牌子的沙拉？我应声道：桂冠没有了，我就换了一种。"没有，就不要买。你呀，真不会做事。沙拉酱，除了桂冠这个牌子外，孩子都不吃。"老婆翻着白眼责备道。

　　孩子和老婆喜欢桂冠自有他们的理由，除了口味好，桂冠沙拉酱由纯植物油及鸡蛋专属配方配制而成，通过配比调整，可让脂肪含量达到不同标准，能让味蕾享受恰到好处的酸甜。加上精细研磨的工艺，桂冠沙拉酱有不一般的滑顺口感。

　　老婆说的更是"头头是道"：桂冠沙拉酱，是食品界的百搭，可以搭配多样菜肴，而且没有国界，中、西餐料理任你创意搭配。她说，桂冠沙拉酱在让食材极大限度保留营养的同时，更美味、更对味。

　　窃以为，任何一种品牌的沙拉，都有其独到之处。无非是一个人吃惯了一种口味，换另一种就不能接受罢了。这点连我家的狗狗也是如此。它喝惯了光明牌的酸奶，面对其他品牌的酸奶，哪怕再饿，也不会跑过去闻一闻。

　　由于，孩子喜欢吃沙拉，害得我成了桂冠沙拉酱的拥趸，并学会制作不少与桂冠沙拉有关联的菜肴，比如：金丝沙律芝心鱼球、金干贝烧、魔鬼蛋沙拉、烤大虾沙拉、蟹柳三明治、寿司手卷、绿竹笋黎麦沙拉、焗烤鱼子蛋、鲜虾蔬菜卷、水果沙拉小汤圆、特色土豆沙拉等等。

　　其中，最简单易做的是：魔鬼蛋沙拉。做法是：桂冠沙拉酱40克、水煮蛋2个、鲜奶油20ml。水煮蛋剥壳对切成两半，取出蛋黄，加入沙拉酱、鲜奶油搅拌均匀备用。放入挤花袋，用花嘴挤入蛋白内填满。装盘后即可享用。

　　沙拉起源于西方。据传，18世纪时，在地中海西部巴利阿里群岛中，有一个属于英国领地的米诺卡岛屿（岛上有一个叫MAHON的小镇）。在后来的英法战争中，米诺卡岛被法国军队攻占，沦为了法国殖民地。

　　在一个阳光明媚的下午，法军总司令利须留公爵正在巡视MAHON小镇，当他路过一个小酒馆时，感觉肚子有点饿，便走进去打算吃点东西，店老板认出了公爵大人，诚惶诚恐地招待他。公爵的心情非常好，并没有刁难店主人，只是让他做一些拿手的菜肴。过了一会儿，店老板就端着做好的肉走出厨房，公爵仔细一看，发现上面有一团粘稠的酱料，好奇地问："这个白白的酱汁是什么？"店老板担心公爵吃不习惯而怪罪于他，小心翼翼地回答："这是我们岛上自己做的酱，是不是不合您口味？"公爵大人尝过一口后，回答却出乎意料："太好吃了！请把这个酱的做法告诉我吧。"

　　之后，利须留公爵把酱汁的做法

和鸡蛋与油的用量记了下来，回到巴黎后，他给这种酱起名"MAHON酱"，并经常在各种聚会上用来招待朋友。MAHON酱的美味和新鲜吃法立刻在当时的"世界之都"——巴黎流行起来，并逐渐进入寻常百姓家中。

相比其他沙拉菜肴，我这个爱吃甜食的南方人，喜欢水果沙拉小汤圆甜点。说起这道甜点，不得不提及桂冠品牌创始人之一的王坤山。

今年67岁的王坤山，是台湾台北人。其祖上一直经商，到他父亲这一辈，主要从事制冰、卖冰块的工作。那是上世纪50年代，台湾地处热带，冰块需求量大。到了上世纪70年代，台湾几乎家家都有了冰箱，冰块的生意自然就萧条了。王坤山的父亲很有商业头脑，一天把王坤山兄弟姐妹6人叫到一起，说，你们现在都长大了，各有所长，反正你们现在也要找工作谋生活，为什么不聚在一起，发挥各自所长，把我们自己的企业做好呢？

在父亲的提议下，王坤山兄妹6人经过反复商量，达成共识，同意父亲的想法，联合成立了属于王家的桂冠集团。从此，开启了属于他们自己的事业生涯。

他们当时做的第一份产业是速冻鱼饺。由于，拥有20年的制冰基础，很快他们就在台湾的速冻食品领域占据了一定位置。

1975年，他们的速冻鱼饺已经做得很成熟了，市场销售也比较稳定。于是，就想做一些新的速冻食品，将自己的事业提升到一个新的高度。

当时，有一些浙江的商人到台湾做汤圆生意。汤圆在台湾是一种家喻户晓的食品。王坤山觉得汤圆的寓意很好：意味着团圆。于是，他选择做汤圆，只因为："我们的企业是由我们兄弟姐妹共同组成的，希望我们能一直在一起，团团圆圆，把这份事业做下去。"

就这样，在1975年汤圆正式成为桂冠旗下的一种食品品类。做就做最好的，王坤山和兄弟姐妹决定，桂冠的汤圆，一定要坚持古法制作的工艺，只有这样，才能保证品质如一，亘古不变。他们就这样矢志不渝地坚持着。

1995年，桂冠这个品牌已经占据了台湾速冻食品的半壁江山。也就是在这个时候，他们认为应该把自己品牌的市场扩大化，而他们选择的第一站就是——上海。

在王坤山看来，上海是一个非常发达的城市，人口密集，五湖四海的人皆有，有利于桂冠品牌的推广。

但，现实是曲折的。王坤山和他的团队有一块合作的土地，专门种植制作汤圆所需要的糯稻。而到了一个新的地方，最大的问题就是找到令自己满意的稻田。经过多次考察，他们决定将这块地定在——江苏射阳。

江苏射阳，位于江苏盐阜平原东部。这里的土质通过30年的秸秆还田，改变了土壤结构，土壤中的氮、磷、钾的含量变高了。而且，桂冠汤圆所用糯米的产地方圆15公里，没有任何工业区，没有污染。

桂冠汤圆中所用的糯米专业术语称为糯稻，与其他稻米最主要的区别是它所含淀粉中以支链淀粉为主，高达95%-100%，因而具有较强的粘性，是制造粘性小吃的主要原料。在射阳这片田地里，糯稻每年只能收获一次，5月份播种，11月份收割，独特的天然条件和科学的种植规划，使这里长出的糯稻与众不同。

坚持古法制作的桂冠汤圆，制作过程十分复杂。传统制作汤圆的每一道工序，在这里都必不可少。

对王坤山来说，坚持古法制作汤圆，有两个比较重要的原因：这是一种中华民族的传统，不能丢失；它寓意着一种团圆、美满。

回到水果沙拉小汤圆这个话题，这道甜点的配料很简单，做法也极其简便：桂冠沙拉酱100克，桂冠包馅小圆子1包，苹果、梨子等水果4-5种。将包馅小圆子煮熟，过净水备用。将水果切块装盘，根据个人口味喜好添加沙拉酱，再将汤圆添加入盘即可。食用时，可根据个人口味喜好，均匀搅拌沙拉酱或部分蘸酱。

这道加了桂冠沙拉酱的甜点，给味蕾一种留存经典的享受，作为餐后甜点，很受欢迎。

洋洋洒洒写了这么些，最大的感受是：沙拉酱不买贵的，只买对的。好味道，没有桂冠沙拉酱怎么行！

（文/世 达）

山有"红玉"林有鲜

我家附近的汇联食品商店销售的山林大红肠远近闻名，隔着透明的橱窗玻璃，你能看到师傅把大红肠切成一打打长椭圆的红肠片，红色的肠衣，衬着粉色的肠肉，新鲜诱人。

说实话，山林大红肠味道真不错，肉质鲜嫩、有嚼劲，弹性好、营养丰富，香气浓郁、味道鲜美，是海派熟食的经典代表，或零嘴、或冷盘，当然也可用来烧一锅美味可口的罗宋汤。

上海人吃红肠是一种爱好，过去在招待客人时若有一盘红肠，必然是又体面又受欢迎的。

我对红肠有一种异乎寻常的情愫。记得上世纪70年代在安徽农村插队落户时，每次从上海返回，行李箱里除了肥皂、咸肉，必定还有一包红肠。这红肠是在菜场当领导的父亲利用职权"开后门"弄来的。

尽管一生清廉的父亲从不以权谋私，但是听到我在农村一年里面半年是辣椒酱当菜，半年是泡山芋藤佐饭时，"怜子如何不丈夫"，他破天荒地向上级公司领导申请，给儿子弄一点当时很紧俏的红肠带到农村。当时几乎家家都有孩子在农村，恻隐之心人皆有之，然而，让公司领导感到为难的是，同意吧，恐怕会引起连锁反应；不同意吧，又怕伤了我父亲的心。反复思忖后说，老黄，你当经理多年，第一次为了儿子的事情开口，我破例同意，但只限于你一人，要注意保密。

父亲之所以想到给我带一些红肠到农村，那是因为此物在当时是稀罕物，且容易存放，挂在客厅的横梁上，三四个月也不会坏；除了自己食用外，还可以送点给公社或者生产队领导，便于搞好关系。父亲特批来的红肠不多，只有四根，每根一尺来长，直径在一寸左右。

红肠带到农村后，我将此效用发挥到最大限度。用一根加上几只西红柿煮上一大锅汤，请生产队长和平时对自己很关照的老农一起来品尝，感谢他们平时对我的关照。这些老农生平第一次喝上这么酸甜可口的汤肴，激动之情溢于言表。

一根必定是送给公社的五七干事。五七干事是专门管理我们这些知青的，对知青的推荐上学、上调企业，握有决定权。我之所以要送给他，并不是有什么企图和不良用意，而是，我与他是朋友，说具体点是书友。五七干事姓冯，我们都叫他冯干事，冯干事时年五十来岁，身高1米60左右，有点谢顶，应了"聪明的脑袋不长毛"那句俗话，很聪明，也很能干，能写一手漂亮的隶书，公社开大会的横幅标语和逢年过节的对联都出自他手。我小时候学过几年三脚猫书法，在学校里从小学到初中一直负责编黑板报，能写一手勉强过得去的毛笔字和美术字，尤其临毕业知道自己的去向肯定是农村时，在学校的美术老师（一个傅抱石的弟子）那里突击学习了几个月的绘画。

临阵磨枪，不快也光。这个临时恶补的画画，对我到农村后的帮助很大。彼时，搞阶级教育展览会是一件很时兴的大事，我和一个淮南的女同学两人被抽调到公社搞展览会布置。公社五七干事是总负责。我们三个人没日没夜地构思、编写脚本、创作画面。饿了，啃几口冷饭团；渴了，喝上几口冷井水。经过半个月的努力，一个画面生动、语言感人的阶级教育展览会"诞生"了，不仅在全公社引起了很大反响，而且引起了县里的关注。

这半个月的同甘共苦，我们三人也结下了不一般的友谊。尤其是我与冯干事，经常凑在一起切磋书法，成为无话不谈的忘年交。冯干事的家在镇上，每次我上街，总要去他家唠叨一番，蹭一顿饭。冯干事的老婆是一个善解人意的镇上人，每次我去，不仅好饭好菜招待，还不忘叮嘱冯干事，你要好好关照小黄。有一次，我去镇上，突发疟疾，浑身上下一会儿热一会儿冷，赶紧跑到冯干事家里。钻进被窝，蒙着被子，昏睡起来。等我醒来，冯干事老婆端来一碗汤，对我说，小黄赶紧喝下去。汤里有几片红肠，正是我从上海带过来送给他们的。她舍不得吃，一直珍藏着。那年月，吃肉是一件很奢侈的事情，更遑论红肠。冯干事的老婆很喜欢我送的红肠，每次总要截取一半送给她的婆婆尝尝鲜。

还有一根我送给那个淮南的女同学，那是一个长得很文静的才女，她是跟随她那在研究所当教授的母亲一起下放到我们公社来的。淮南同学姓徐，单名一个可字。能歌善舞，尤其拉得一手出神入化的小提琴，我不知为何，会一脸正经地叫她可人。她听了笑笑，也应了。

在忙完一天的展览布置后，我常常和可人漫步在公社礼堂前的空地上，仰望着夜幕中的繁星，说说理想和未来。那时，可人很喜欢听我说一些上海的趣事轶闻，喜欢听我用上海普通话念海涅和普希金的诗。我呢，缠着可人教我拉小提琴。可惜我的音乐细胞太少，拉起小提琴来，吱吱咯咯就像锯木头。冯干事一听到我拉小提琴就眉头紧皱，说：这么难听，别糟蹋了。可见一个人要想成功，除了热情外，还必须要有天赋。

可人的母亲留过洋，有着一手精湛的西点制作手艺。有一天，我到可人的居所去串门，午饭时，可人母亲烧煮了一锅罗宋汤，我第一次吃到如此好喝的罗宋汤。不由得边喝边说：好吃，好吃。可人母亲说，你送的红肠不错，上海人就是会动脑筋，这红肠也做得比其他地方好。她又说，如果有午餐肉，这汤会更好喝。我接嘴说，阿姨，我下次从上海回来时，想办法带几块午餐肉回来（其实，那时午餐肉我闻所未闻过）。可人母亲听了，眼睛一亮。然而，此后，我从上海回来，红肠是肯定要带给她的，午餐肉只能抱歉了（父亲也不可能再向公司领导开口）。

还有一根，我则是留着在农忙时给自己添加点卡路里，或者插兄插妹来串门时，招待客人。

至今回想起来，此事，已经过去了40多年。冯干事已经过世了；可人

和她的母亲也早已落实政策回到淮南，如今物质供应丰富了，想必可人母亲的罗宋汤做得更为美味可口了。哎，人生不相见，动如参与商，不知她们现在的境况可好。

回到上海后，一次与父亲交谈，方知上海山林大红肠是在俄国大红肠的基础上演变而来，发源地在上海浦东的三林镇。

20世纪初，滨绥铁路和滨州铁路投入运行，连接了俄边境城市到中国的交通。越来越多的俄国商人把俄国文化、饮食习惯等带到中国。1917年，在经历"十月革命"等武装事变，大批俄国

贵族、富商南下到上海。其中一个叫瓦连京的大厨带着俄罗斯的饮食文化进入中国，并在1917年南下到上海，落脚三林镇，经营肉制品作坊，专做大红肠，供给俄罗斯贵族及上海富人。

俄式大红肠，运用的是传统欧式加工制作方法，需要经过腌制、拌馅、灌肠、煮、熏等工艺。熏制肉肠跟浓油赤酱偏鲜甜的上海风味还是有所不同的。加之其舶来品的身份，让上海人好奇之余跃跃欲试。

新中国成立后，瓦连京返回苏联，肉制品作坊也关闭了，但瓦连京的助手饶第锽受到某酒店邀请，继续制作俄国大红肠。酒店方面考虑到上海本土口味，要求饶第锽结合中国香肠制作工艺和上海口味，对大红肠进行秘方改良。

1949年12月8日，饶第锽经过反复试验，正式推出具有浓郁上海风味的山林大红肠。从此，山林大红肠成为当时上海酒店接待内外宾不可缺少的特色菜肴。改革开放后，饶第锽的儿子饶甲中依靠山林大红肠的秘方，以山林大红肠为主要产品，开起了山林熟食店。

坊间流传的"北有秋林，南有山林"这句话，说出了红肠行业的两个老品牌，也道出了中国红肠的南北风味划分。北方以哈尔滨红肠为代表，红肠外观呈枣红色，蒜香味浓厚，有褶皱，有烟熏芳香气味，入口咸香。南方以上海山林大红肠为代表，红肠通体大红圆润，鲜嫩弹牙，鲜甜适口。

如今，红肠已进入寻常百姓家，仅山林每天销售的红肠数量可达20万根，食用人数达到上百万人次，深入上海老百姓的生活中。上海人对红肠的好感，已从一种餐桌饮食习惯，成为一种美食情怀。

（文/单　林）

琥珀生烟"丁蹄"美

八月的夜风，有着一丝躁动。一个人走在马路上，攒动的人群、往来的车辆和闪烁的灯火，从身旁一一"划"过。湿热的空气扑面而来，有点腥，有点浊。淡淡的月光，穿过层云而来，却显得"力不从心"。回到家，坐在写字桌前想写点什么，给苍白的光阴留下一些文字，寻思良久却毫无灵感，难以落笔。

忽然，一阵饥饿感袭来，纷扰了我的思绪。人在极度饥饿的时候，果腹充饥自是排在"第一顺位"的妙事。难怪那个卖火柴的小女孩，划一根火柴，就会看到一顿盛宴。

吞了两口唾沫，起身打开冰箱，取出一包真空包装的枫泾丁蹄。拆开包装，将丁蹄置于案板，切片，盛盘，冷吃。这种上海郊区枫泾出产的丁蹄，是已故世的外公最爱。

外公是个北方人，长得人高马大，不抽烟，不喝酒，唯一嗜好是啃猪蹄髈，即北方人所称的"肘子"。这猪蹄髈还一定得是丁蹄。外公吃丁蹄，不是佐饭，而是作为零食。

丁蹄，即枫泾"丁义兴"特制的"红烧蹄髈"，是上海名点之一，百年之前就在江浙一带负有盛名。它最为经典的吃法就是冷吃切片。《清碑类钞》中这样描述，"嘉善枫泾圣堂桥堍，有丁义兴者，百年老店也，以善制酱蹄、蹄筋名于世，而酱蹄尤著，人呼之曰丁蹄"。

枫泾"丁蹄"制作技术，始创于咸丰二年（公元1852年），据《枫泾小志》记载"市有丁肆善烹，人呼丁蹄，远近争购之，宣统二年奉勤业摩奖，并奉浙江巡抚加给将凭"。咸丰初年，枫泾人丁润章祖父在枫泾致和桥旁经营一爿小酒家，以供应热食为主，兼售炒菜，但是生意不大景气。老板愁得饭也吃不下。丁娘娘那天为丈夫开胃口，热了一锅开胃中药，其中有丁香、桂皮、红枣、枸杞、冰糖等。不料，一个失手，将盛好的药倒入了烧制丁蹄的锅中。于是，丁娘娘干脆再加一把旺火收汤，结果烧出的蹄子，香气扑鼻，品尝之后更觉油而不腻，味道鲜美，从此生意非常兴隆。

外公，每个月发工资回家的第一件事，就是将工资一分不少地上交给外婆。外婆拿到"工资"后的第二天，必定乘车到枫泾，在"丁义兴"，买上几只丁蹄，给下班回家的外公解馋。

那时，家里没有冰箱，奇怪的是，大热天，丁蹄放上几天也不馊不坏。

外公是个食肉动物，年轻时肉类要凭票供应，外婆舍不得吃，"紧"着外公。但一个月每人半斤的供应量，难以满足外公的食欲。在那个年代再想吃肉，也只能望梅止渴，止于想象。

1969年腊月，天寒地冻，外公想吃肉想得发慌。误信单位同事说：清晨"枫泾饭店"（当时以丁蹄为招牌餐点，后关闭，1984年制作丁蹄的师傅去往"枫泾土特产食品厂"，后恢复"丁义兴"）一开门，排在前两位的免收肉票。在一个寒风凛冽的夜晚，独自从北火车站搭上棚车（棚车是铁路货车中的通用车辆，用于运送怕日晒、雨淋、雪侵的货物，每逢春节期间，铁路局为解决旅客运输能力不足，都会用一部分棚车代替客车）到枫泾去买丁蹄。抵达枫泾已是半夜。为了节省旅馆钱，外公裹着那身破棉衣，蜷缩在离"枫泾饭店"不远的一家民宅的屋檐下，还没有入睡，就被巡夜的文攻武卫查觉，被带到文攻武卫指挥部羁押起来。在审问时，外公老老实实地交代，说，到枫泾是为了买丁蹄，为省钱不舍得住旅馆。

那个时候，哪里还有丁蹄卖？外公的这番交代，显然过不了关。好在外公身家清白，是根正苗红的贫农后代。两天后，文攻武卫经过一番仔细的调查，将他押送回上海，无罪开释。

此后，外公发誓，以后有条件了，要吃一只丁蹄，扔一只丁蹄。改革开放后，丁蹄敞开供应，外公的愿望得到了满足。当然，吃一只是可能的，扔一只，是不可能的。他不舍得。而他爱吃丁蹄的嗜好却养成了。

宣统元年，清廷下谕，"枫泾丁蹄"代表清朝政府参加首届"南洋劝业会"获得银牌；1915年，北洋政府选定"枫泾丁

蹄"赴美国参加"巴拿马国际博览会"获得金奖。

外公告诉我，丁蹄能得奖，主要有两个原因：第一，当然是因为好吃；第二，就是连外国吃货也没搞懂，当时还没飞机，丁蹄是通过船运漂洋过海到达巴拿马的——这么长的旅程又没有冰箱可存放，它怎么就没有坏掉呢？

这就牵涉到"枫泾丁蹄制作技艺"的技术含量。"枫泾丁蹄"制作选料讲究，取自纯种的枫泾杜种猪四蹄。这种猪个头小，最大不过110斤左右，骨细皮薄、肥瘦适中，以江南人传统的"浓油赤酱"为主要口味，以独创的"十料八工"为主要制作工艺。所谓"十料"，是以丁香、桂皮、姜片、陈皮、枸杞等10多味中药作为配料，需根据四季变换酌情微调，由此不仅增加"枫泾丁蹄"风味，且保有养身健体功效。所谓"八工"，是指开蹄、整形、焯水、拔毛、原汤加佐料、三旺三文、上碗、去骨等八道工序，道道到位，一丝不苟。其中"三旺三文"工艺，是整个制作技艺的关键所在，蹄髈放入锅中，4小时里不得翻动，全凭"三旺三文"的火头伺候。

如何使蹄髈不焦不糊？这有技巧。蹄髈跟锅底紧贴，难免烧焦。枫泾丁蹄烧煮时用了"隔离层"：将先前"塑身"那会儿除下的蹄皮一片片贴在锅底。烧制4小时后，确定丁蹄的出锅时间也得凭经验。用笊篱捞起一只，抖一抖，如果蹄髈的皮儿有劲道地抖动，那就是好了；如果蹄髈跟着笊篱一起滚动，则还欠火候。要是用了这招不放心，另有一招：从蹄髈上剪下一块片，用手捏一下，看黏糊糊的胶原蛋白是否流出；如是，蹄髈已煮好，尝一尝，肥而不腻；如不是，一口咬去，满嘴肥油。

正宗的枫泾丁蹄，是不能有骨头的，"拆骨"因此成了一道重要工序。蹄髈里有两根直骨，不可生拉硬扯，这会将蹄筋和肉带出来；内行的做法是将其中一根骨头用力旋转90度，再把两根骨头相连处的筋剪断……

"枫泾丁蹄"独特、创新的制作工艺，在当时江南或白煮或油煮或蒸煮的传统蹄髈制作方法中，可谓独树一帜。其成品更因甜而不腻、肥而不油、营养丰富、冷品更佳的独特味道，在广大食客中一炮而红，大受欢迎。外公说，这些工艺，隐藏着保证丁蹄经久不坏的秘密。

丁蹄的好味道来自那锅百年老汤，配方经过不断改进，达到炉火纯青的地步，它是循环而行，每天烧时不断加入新的调料，使之永葆原汁原味。后来在烧丁蹄时加入野味，如黄禾雀、野鸭等，这样一来，味道互相渗入，丁蹄也越来越好吃。

夏天，外公下班回来，将躺椅置放在靠马路的上街沿，往躺椅上一躺，左手拿着一把大茶壶，往嘴里灌一口茶，右手从躺椅旁的小桌子上，抓一块切好叠放在碟子里的枫泾丁蹄，悠哉悠哉。暮色四野，外公的茶和枫泾丁蹄也吃得干干净净，如此才心满意足，慢悠悠地回去。他这副模样，也成了街坊四邻津津乐道的逸趣。

外公年纪大了，外婆怕他多吃丁蹄血脂高，严格控制他的饮食量。为此，老两口吵吵闹闹，战火不绝。说来也怪，晚上吵得不可开交，第二天又和好如初，相敬如宾，挺有意思。

时至今日，各江南名镇均有自己的"蹄髈"产品，如周庄的"万三蹄"、西塘的"龙蹄"等。然而，论对选料的严苛，对制作工艺的精益要求，对成品"冷食"、"药膳"、"无骨"的独特口味及所蕴含的历史文化，在江南乃至全国的各类"蹄髈"中，"枫泾丁蹄"无疑独占鳌头。

外婆过世后，没有人再约束外公吃丁蹄，他开怀大吃，每天一只，一年365天，天天如此，雷打不动（由我们去给他买来）。依旧是一口茶一块丁蹄的吃法，似乎活得很滋润，很快乐。只是有时候，他会莫名其妙地喊上几声外婆的名字。

我们知道，外公只是表面看起来潇洒，内心一定很苦，他吃着丁蹄，想着逝去的外婆，念着外婆去世前一个月，还挤着公交车去枫泾给他买丁蹄的种种好⋯⋯

如今，外公也已归西。但，他爱吃丁蹄的嗜好，却在原本不爱吃肉的我们身上，延续了下来。

（文/炜　炜）

里保聯

里保聯

丝丝

余味

第 4 辑

似雨霁飞虹架天
若曲毕余音绕梁
妙手偶成"精美"
心头"意韵"难解
丝丝缕缕
耐人回味

有个伙伴叫"旺仔"

在80后、90后、00后的童年时代，"旺仔"可谓
"网红"。旺仔小馒头、旺旺雪饼、旺旺仙贝、旺仔牛
奶……他们童年的"零食铺"，几乎都有一款"旺旺"
食品。

也许你是吃"旺旺"长大的，也许你正在给自己的
孩子吃"旺旺"，但你可能不知道，朗朗上口、简单好记
的"旺旺"，这名字的由来就是因为旺旺集团董事长蔡衍
明养的一条名叫黑皮的爱犬。

黑皮自信、忠诚、自强的精神，深深影响了蔡衍明，于是便以"旺旺"
为企业名，希望大家能把这种精神融入到公司的经营理念中。在旺旺集团位
于虹桥的总部办公楼，同样能发现蔡衍明对狗的痴迷，办公楼前坐落着两座
"铜狗"，而非常见的石狮，企业展厅内还有狗狗的油画。

而深入人心的旺仔形象，同样意义十足。旺仔的头圆谐音"投缘"；眼
睛向上代表高瞻远瞩；笑口常开代表充满自信，口中的舌头呈心形，代表诚
心；双手展开作拥抱状，左手拥抱代表大团结，右手拥抱代表相互帮忙；光
着脚丫表示要脚踏实地。

台湾宜兰县，旧称葛玛兰，俗称兰阳。这里的人们以捕鱼、加工鱼产品
为生。这片富庶的土地，养育了一代又一代坚强不屈的宜兰人。

1962年，旺旺的前身台湾宜兰食品工业公司成立，它是一家生产罐头食
品及以农产品外销为主的小工厂，由集团前董事长和其他几位股东合作兴办。
经过几年发展，员工越来越多，规模越来越大。但是，1974年-1975年受第一
次石油危机影响，公司连续亏损两年。在公司经营不善、股东意见分歧的情况
下，1976年老董事长蔡阿仕个人出资1800万台币，买下公司全部股权。

同年4月16日，蔡衍明自告奋勇，主动请缨担当经营大任。那年他才
19岁……

彼时，大陆很多农民也开始种植洋菇、芦笋，慢慢台湾这边的销量下降

了，后来没办法经营了。台湾能捕的鱼，也越来越少，鱼罐头生产也无法经营了。在宜兰食品最艰难的时刻，蔡衍明临危受命，扛起了发展大旗。

是坚守原有产业，还是另谋出路？对于蔡衍明来说，这是一道意义非常的选择题。他选择了转型！时过多年，蔡衍明依然清晰地记得，在宜兰食品转型的过程中，岩塚制菓和槙计作这两个重要的名字。前者为旺旺的诞生奠定了基础，而后者给予了旺旺生命。

蔡衍明一直在寻求台湾已有的比较充足的原料，作为企业转型的基础。那时候台湾大米过剩他去日本考察，看见米果，觉得好吃，就带回来了。其实当初他找了日本当地几家产品口味很好的企业，一回到台湾就写信给他们，请求合作。只有岩塚制菓，就是旺旺现在合作的这家企业，很客气地回了一封信给他。

接到信，蔡衍明就飞过去找岩塚制菓的老板槙计作社长谈合作事宜。甫一交谈，蔡衍明就知道成功的希望渺茫。回到台湾，蔡衍明想，槙计作一家几乎是那种非常节俭的类型，很少出国旅游。于是，故意用他们的名字订两张机票寄给他们，请他们到台湾来旅游。槙计作与夫人接到机票说，我们怎么能接受你的邀请。蔡衍明说，这个机票不能退的，你们就来玩吧。这个缘分其实就是蔡衍明自己把握出来的。届时，蔡衍明带着公司的一班人，到台北机场拉了大横幅，像迎接世界明星那样去迎接槙计作一行。

槙计作他们看到这种火爆的场面，很是感动，自然什么都好说了。那时候，宜兰食品还在做罐头，而槙计作当社长也没有太长时间，对于股份也没有绝对控股权。合作事宜自然不能当场拍板。

转眼到了1982年年底，槙计作社长写了一封很长很长的信给蔡衍明，希望蔡衍明放弃合作的念想。槙计作在信中说，因为他们刚在泰国合作失败，这个失败带给他这个社长一个很大的缺憾。

接到这封信，蔡衍明马上就联络槙计作社长，同时，每个礼拜一通电话一封信地联络岩塚制菓。过完新年的第二天，蔡衍明就到日本去找槙计作先生，蔡衍明说："你当初已经点头，后来你对我的公司也有所了解。如果不合作公司将会很惨，大家都没指望了。如今，我原来的经销商也都不和我往来了。而你的米果带给了他们一丝希望。"日本人其实是挺守信诺的，蔡衍明抓住这点，就一口咬定，"你当初可答应过我"。精诚所至，金石为开。

槙计作终被蔡衍明的坚持感动。

那时，槙计作在工厂旁边有个小办公室，上面有个拜拜神明。槙计作搬把椅子，踏上椅子，把供奉在那里的一罐酒拿下来，说："这是我们工厂的赚钱酒，你拿回去，大家主管喝一喝。好，大家来合作！万一失败，我社长跟着你辞职！"

就是有这句话，槙计作先生才有资格做旺旺之父！

后面的故事大家都知道了，旺旺从一粒米结缘，工厂遍布中国大陆，旺旺人没有让股东们失望，旺旺人以旺旺为荣！旺旺米果的市场份额中国第一，风味奶中国第一，软糖中国第一，碎冰冰中国第一，小馒头中国第一，大礼包中国第一，旺仔牛奶糖中国第一，纵观历年来的销售额年复合成率，米果、乳饮、休闲（等）均达到了高速成长。旺旺一直引领着行业的浪潮。

蔡衍明始终相信是因为缘分，"旺旺人"才从四面八方相聚而来，共同开创旺旺事业，也正是因为这样一份浓情厚意，才让一代又一代"旺旺人"，始终愿意留在旺旺，坚守这份事业。

员工小船就是这样一个"有缘人"。她还记得刚入职那年，一走进公司大门，就闻到一阵阵桂花香，心想又到中秋节了。每逢佳节倍思亲。她想起老家的中秋夜，风清月明，一家人在一起赏月亮、品月饼，小伙伴们一起和月亮比赛，比比谁的月饼大又圆……

小船心里不禁有些低落，老家远在一千六百公里外，飞机航班少，来回路上要花两个白天，放假三天，在家只能呆一天两夜，往返路费也不少，今年又不能回家过节了。上午的实验依旧繁忙。

午餐后，回到办公室的小船发现她的桌上放着几个不同式样的月饼：呀，真是惊喜！她悄声问隔壁的小苏，这是谁送来的！昏昏欲睡的小苏诧异地看了她一眼，说，这是研发的老传统了，烘焙组的莉姐都忙乎一个星期了。

小苏说，每年莉姐都要带领烘焙组做很多很多的月饼，送给孤儿院的儿童和敬老院的老人们，多下来的才分发给实验室的同事们。今年原料稍微多准备了些，所以很幸运每个人都能分到莉姐做的月饼。

她回去仔细看了看，有适合老人吃的无糖月饼，有苏式的、广式的、酥皮的，还有碳烧月饼。她高兴地把月饼带回家，中秋节跟爸妈打了电话聊聊家常，晚上跟同学分享莉姐做的月饼，度过了"中秋夜"。

日子过得飞快，一眨眼就12月了。一天她收到一封会议邀请。本来和同事一起前往会议室的她，怕会议时间长，想先去趟卫生间。于是，她请同事把她的记事本先带去会议室。结果当她走进会议室的时候，被眼前的盛大场景深深吸引。房间里挂满了彩带和各色气球，墙上贴着大大的"Happy Birthday"，桌上摆放着诱人的蛋糕，旁边站满了同事。原来这是旺旺的老传统——每月庆生会。跟她一起来的同事告诉她这是莉姐做的蛋糕，水果都是新鲜的。奶油的颜色也都是用果汁调出来的。粉色玫瑰花是用火龙果调的，绿色的叶子是猕猴桃汁做的。庆生会上播放了"寿星们"工作生活的精彩瞬间，同事们纷纷送上祝福和鼓励，她第一次和同事们一起过了一个温馨感人的生日！

作为食品企业，旺旺做的是良心工程。在蔡衍明看来，食品安全重于泰山，产品质量的保证，同样是对外的一种诚信，对消费者的一种承诺，这不只是生产线上员工的责任，更是集团每一位员工的责任。旺旺人时刻维护旺旺的形象和利益，赢得了外界的信任和赞誉。

凭借优良的产品品质和畅通的网络销售渠道，旺旺如今足迹遍布中国大陆、台湾、香港，海外业务范围覆盖亚洲、北美洲、大洋洲、欧洲、南美洲、非洲的56个国家及地区。

蔡衍明说，在激烈的市场竞争中，在世界经济变局下，旺旺唯有保持源源不断的创造力，才能实现可持续发展，拥有日渐增长之价值。

（文/汪　妞）

奶香深处有流心

仲秋的夜晚，凉风习习。酒店高层的景观房，视野极佳。出差在外的成瑜，独坐窗前，看万家灯火星星点点，心底生出一丝寂寥。如此良辰美景，若有家人陪伴，就圆满了。

月光透过纱帘，落在手边的礼盒上，映照着"奶黄流心"一行烫金小字。盒子的皮面质地，触感时尚。耀目的亮橙，是金秋丰收的颜色。启开盒盖，四枚精巧的月饼映入眼帘。取出一枚，撕开包装，"巧克力流心"字样在饼面花纹间凹凸呈现。从未见过如此玲珑的月饼！放在掌心，如同一朵盛开的金色小花！

一口咬下去，薄薄的饼皮，酥酥的馅料，甜而不腻的口感，犹如舞者在舌尖跳着芭蕾。再尝一口，巧克力酥馅有"惊喜"流溢。浓浓的"巧心"，沙一般流过味蕾，占据了唇齿一个又一个敏感的角落。以饼寄情，舌尖上的美味，一点点填补着成瑜心头所缺。

吃罢一枚，她将剩余的"巧克力流心"连"托衬"一同端起，想深探盒中究竟。哇，还有一层！又是"四朵小花"，上刻"奶黄流心"。幸福感"爆棚"，忍不住吞咽起口水，她似乎回到了家中，"变身"为父母眼中无忧无虑的"小吃货"……

这吃口独特、回味悠长的月饼，是合作伙伴赠予成瑜的"见面礼"。合作伙伴告诉她，这是她所下榻的酒店邀请上海一知名企业加工制作的。如果不提前订购，很难尝到鲜。

这家专事食品加工的企业，正是位于宝山区沪太路的上海新麦食品工业有限公司。彼时彼刻，在新麦会议室，一场关于产品创新的"头脑风暴"正在进行。老总董正琪，向与会者分享了此前香港美食之旅的点滴收获。各部门员工代表，一边品尝新麦今秋主打产品"奶黄流心月饼"；一边畅所欲言，勾画明年中秋月饼的创意蓝图……

2012年中秋前夕，董正琪在香港街头买了一份报纸。蓦地，一条豆腐干大小的新闻吸引了他，大意是：中秋未至，香港半岛酒店的"手工奶黄月饼"已订购一空！

当时，是香港半岛酒店制作"手工奶黄月饼"的第二个年头。董正琪对之早有耳闻，却未曾料想一款产品能在次年依然卖到红火。凭着商人敏锐的嗅觉，他觉得这款产品一定很好吃。他便去市场上买。可惜，没有买到。他又辗转找到熟悉香港行情的朋友，费了好一番功夫才购得一盒。

坐标回到上海新麦。同样是头脑风暴，不同的是，5年前摆在桌上的主角是那盒来自半岛、得之不易的"手工奶黄月饼"。没有"甜、油"口感，没有高脂风险，咀嚼间，奶香四溢。董正琪给同事们一人分了一小块，虽是浅尝，却赞声四起。好吃，但，舍不得吃！他们在琢磨，这美味是用什么原料、何种工艺制成。仅有的这"一盒子"，是当时新麦人的"珍宝"呵！所以，每次只能尝一点点，不能大快朵颐。

那年中秋之后的整个半载，他们
都在试制"手工奶黄月饼"，成为内
地市场的"先锋"。然而，现实不遂
人愿，他们屡试屡败，没有找到解锁
"奶黄月饼"制艺的"金钥匙"。果
断地，董正琪叫停了"内部研究"，
向"外部"借力，高薪聘请半岛酒店
的老师傅来新麦传授机宜。

有"工匠"坐镇，"手工奶黄月饼"制艺的神秘面纱逐渐被揭开。原来，无论是工艺还是材料，奶黄月饼与传统月饼"路数"迥异。奶黄月饼最大的特点就是，有浓郁的奶香味，有酥心。它属于酥皮类产品，是一款用西式点心手法制作的中式点心。之前一味地按照传统月饼的做法去试制，走了很多弯路。这让董正琪恍悟：做食品亦如做学问，不能只知其然，不知其所以然。

老师傅的到来，教会新麦人以手工方式制作奶黄月饼。品尝着巧手之下令人满意的产品，新的问题来了——如何从"手工式"走向"工业化"！半岛酒店一盒难求的手工奶黄月饼，美成了一个"传奇"。但是，与"工业化"要求相比，这个"传奇"就不够"传奇"了。一个中秋下来，几位殿堂级师傅加足马力连轴做，也顶多生产几千盒，远不及工业化的规模和影响力。

以机械取代手工，却非易事。不似广式月饼，置一台包馅机、备一台打饼机，就能越过传统手工步序，奶黄月饼对于机器的要求非常特别。一轮又一轮工业化尝试，结局是各种失败：机器做出来的奶黄月饼，不是开裂，就是塌陷，或是成型不美，所制之物连"产品"都称不上。新麦人没有放弃，他们选择潜心研究，分析、调整、创新，再分析、再调整、再创新……整整一年时间，新麦人的机器仿佛越来越懂"奶黄月饼"的独特和精妙，制出的"奶黄月饼"也越发漂亮可口。其实，不是机器变聪明了，而是新麦人在手工与机械之间找到了一种平衡。

董正琪坦言，手工的依然比机械的做得好吃，因为手工可以做到更酥、更软和。但手工的造型不及机器齐整、精致，还容易破裂。新麦攻坚克难，实现了手工与工业化之间的过渡。品尝着试制成功的奶黄月饼，众人纷纷点赞。董正琪则谦虚地说，我们用机械做出的是无限接近手工制就的口感；而这种工业化的生产，可以让更大的市场、更多的消费者尝到这种口感。如此，便是我们的"满足"。

其实，那一年，董正琪非但没有赚到钱，反而投入了大量成本。当时的内地市场，鲜少有人知道"奶黄月饼"这款产品；知道新麦在做这款产品的人，更是少之又少。爱思考的董正琪领悟到，酒香也怕巷子深，一定要提高传播力度。他跳出了"口耳相传"这种古老、有限、低效的传播思维，放眼"互联网+"平台，与更远更广的客户群交流互动。

2014年，苦练内功的"新麦"终于等来了"施展拳脚"的机会。这一年，万豪酒店也想和半岛酒店一样，在中秋期间推出"奶黄月饼"。"万豪"派出专门团队，在民间四处走访，多方打探，希冀在内地食品企业中找到制作奶黄月饼的"好手"。应了那句老话，机会留给有准备的头脑。万豪发现了技艺成熟的新麦。5000盒、8000盒、15000盒、25000盒……订单如雪花纷飞而至，且随着用户好评率的上升，订量也在年年爬梯。

当人们还在流连"奶黄月饼"的酥香时，爱折腾的董正琪已经在把目光聚焦于颇具港式风味的"流心月饼"。他觉得，美食不光是用来"吃"的，还可以用来"玩",既要好吃,又要好玩,如此才符合当下年轻人的需求。比如,"奶黄流心月饼",吃到关键处,用手指轻轻一揿,流沙馅心便缓缓溢出,那就是美味之余附加的乐趣和情致。

说到"流心月饼",很多人会想到"美心"。这是一家不错的有着港式早茶餐饮基础的食品企业,他们从经典点心"流沙包"中获得启发,开发制作了"流心月饼"。其实,新麦对于这款月饼的研发,并不晚于美心。

2016年,新麦做了50多万盒"流心月饼",2017年产量更丰,达到120多万盒。关于这款月饼的核心所在——"流心",早在2015年,董正琪就发现,生产后的第25天左右,流心部分水分会流失,从而出现"空洞",常温下流动性不强。

造成空洞的,是自然原因。流心部分的水油含量高于周围包馅的水油含量,而水是从多处往少处渗透的,人们无法从中做一道围墙,阻挡水的流动。虽然在许多消费者眼里这很正常,用微波炉转一下就能解决,但是,在董正琪眼里,这是个大问题,不能忽视。

2016年,新麦花费重金聘请了日本专业团队,用了一年时间,解决了这个问题:哪怕产品出厂50天,用刀切开,消费者也会看到流心漫溢。

从炭烧月饼,到奶黄月饼,到流心月饼,新麦总是给吃客们带来惊喜。

除了中秋月饼外,新麦平时的生产重点是系列性曲奇,在曲奇的制艺上同样不忘创新,一批高品质的曲奇即将作为婚礼高级定制礼品,走上人们的喜宴。厚厚镜片下五十多岁的董正琪,思考不辍,目光睿智。"第一年你的东西好吃,第二年你的东西即使没变化,消费者也未必会买单。"这是董正琪常对朋友说的话。他喜欢换位思考,从顾客角度出发,他深知"味觉疲劳"的科学性,他热爱创新,也追求稳健。正是有如此这般的"新麦人",才有了千千万万个"成瑜"心尖上的曼妙滋味。

（文/沐 扬）

年轮如漪梦似马

旋转、流淌、浇淋、烘烤，一层一层地淋，再一层一层地烤，香味浓郁到仿若实质。反反复复间，需要的不仅仅是耐心和细致，还有对火候把控的丰富经验，对温度和湿度变化的敏感捕捉，层层浓郁醇香浇制而出，于是，便有了斑斓的纹路和松软浓香的口感，便有了一只克莉丝汀年轮蛋糕。

克莉丝汀年轮蛋糕的制作工艺复杂繁琐，除了原料的考究，要保证新鲜、卫生、安心，更讲究的是烘焙师的耐心、细心。没有一定经验的烘焙师，是无法做出合格、甚至完美的年轮蛋糕的。

其制作方法是在一根不断旋转的铁棒上，通过烘焙师将年轮蛋糕原料调制成流体后，慢慢地淋在铁棒上，淋均匀后，进行高温烘烤，待表面脆化后，便可淋上第二层、第三层……如此反复，直至年轮蛋糕完全成型。

年轮蛋糕起源于德国。Baumkuchen，这个看似很难念的德语单词，意思是指有着层层花纹的年轮蛋糕，为欧洲多个国家的知名多层蛋糕点心，被视为"蛋糕之王"。当对其作横断切开时呈现了特征性的金色环圈，而使之得"年轮"之名，直译即为"树木蛋糕"（Tree Cake）。第一个年轮蛋糕是由Johann Christian D. AndreasSchernikow在1807年德国的Salzwedel烘焙出的。

据说，第一次世界大战时，德国人Karl Juchheim被日本军当作战俘监禁在日本。释放后，Karl在日本横滨创办了日本第一家以年轮蛋糕为主打的蛋糕店Juchheim。年轮蛋糕从此传入日本。如今，Juchheim是日本极负盛名的年轮蛋糕老字号。

年轮蛋糕与日本独特的精细烘焙文化完美融合，口味与外形均经过改善，更加符合亚洲人的习惯，调配方式也不断推陈出新，有咖啡、巧克力、香橙等多种口味，加上制作丰富的巧思，逐渐发展成为日本当地最受欢迎的时尚点心。在日本，经常能够看到人们排着长队购买年轮蛋糕的情景。

林小姐是个白领丽人，也是年轮蛋糕忠实的粉丝。"小时候就馋这一口。"她笑着回忆。在她印象里，学生时代每次获得嘉奖时的开心、或是遭遇挫折时的消沉，都有年轮蛋糕的印记，"年轮蛋糕见证了我人生很多重要时刻，像是陪我长大的朋友一样，所以，我现在也会经常去买来吃。最开心的是这么多年了，它还是这么好吃"。

住在徐汇一带的黄阿姨，与林小姐一样爱吃年轮蛋糕，在她眼里，克莉丝汀的年轮蛋糕做工精致，口感松软，最难得的是那"一口香"击中人心的魅力。一圈一圈的花纹，像是岁月更迭里的圆满长久，"意头好，我总买来送人"。

克莉丝汀采用优质小麦粉与鸡蛋制作年轮蛋糕，选用了产自新西兰的安佳黄油，赋予蛋糕更浓郁的奶香、绵密。咬一口松软甜蜜的"年轮"，手边泡一杯滴滤式咖啡，或与友人畅谈，或捧阅闲书，即是无上"享受"！

年轮蛋糕对于王先生来说，有着别样的情愫。那年，他与初恋女友第一次约会，就是在克莉丝汀的大兴街门店，两人边喝咖啡边品年轮蛋糕。王先生是个内向的人，年轮蛋糕成了他聊天的极佳话题。恰好，女友也很喜欢这个话题。共同的话题，使他们的距离迅速拉近。

王先生清楚地记得，那天，他给女友讲述了一个有关年轮蛋糕的故事：

1921年的一个周末，有一个名叫约海姆的年轻人，带着心爱的女友，来到长满大树的小岛游玩。他们在篝火边，席地而坐，畅谈心声。

约海姆望着身边刚被砍伐的老树桩，桩面上，年轮自然优雅，环环相绕，这给他带来了创意的灵感。他用祖先狩猎烧烤的方法，把坚木芯棒一边回转，一边抹上香浓的原料，并置于火上烘烤，周而复始，即成为香飘千里的年轮蛋糕，岛上村民闻香而来，尝食之后，赞不绝口。

提起年轮蛋糕，王先生用"妙不可言"来形容，他究竟指的是蛋糕本身，还是他们的姻缘，答案只有他自己清楚。他只是常说，在遇到年轮蛋糕之前，他最爱的蛋糕是栗子蛋糕，然而尝过年轮蛋糕之后，就喜欢得一发不可收拾。"看电视时经常一小口接一小口，不知不觉就吃完了"。王先生

说，无论是原味还是巧克力味，都有让人"上瘾"的神奇力量，冲一杯奶茶搭配着吃，年轮的香醇和热饮的幼滑在舌尖交融，美味更是层层而来。

年轮蛋糕因其独特的外形，还形成了独特的蛋糕文化。在日本和台湾地区，仍然风行着中国古代的"伴手礼"文化，出门访友均购买一些，作为礼品，表达关怀和敬意。而年轮蛋糕是近年来较为流行的伴手福礼。因为它与普通蛋糕整块烤制不同，是一层层烤制，别出心裁。而其酷似年轮的外形，更让人联想起岁月更迭、情谊不变的美好寓意。

年轮蛋糕的成与败，烘焙是关键，时间、温度、原料配比，都与口感息息相关。而克莉丝汀多年来坚持以老配方制作年轮蛋糕，即使口味在创新，口感却不变。咬上一口，荡漾开来的，都是"美味"——童年的味道。

如果说年轮蛋糕一解老吃货"怀旧"的情结，那么蒟蒻小果冻和经典滴滤式咖啡对于时下的年轻人来说，就是对了味。

"95后"的陈霞对于克莉丝汀并没有太多感触，她的朋友圈就是"吃货圈"，然而，对于年轻一代来说，爆炸的资讯和便捷的购买方式让他们的口味更"刁"了，随便聊一种品类，对于各大品牌的口感偏向都了如指掌，而果冻类，她最满意的就是克莉丝汀家的蒟蒻小果冻。

购买时，长辈们会更多地考虑性价比，而年轻人为健康买单则越来越干脆。克莉丝汀的蒟蒻果冻无色素无防腐剂，含有大量的膳食纤维，常食可以促进肠道消化，作为随手零食既健康又解馋。

如果说蒟蒻小果冻的Q弹是一种灵动，那么咖啡的醇香则是优雅的情怀。同是"95后"的小刘更喜欢的，是克莉丝汀盒装贩售的经典滴滤式咖啡。

创新，是克莉丝汀制胜的法宝。早在2010年，在世博会开设门店时，克莉丝汀就大胆推出欧式调理面包类。彼时，主流市场更认可软式面包，而董事长罗田安先生先于市场迈出了大胆的一步。

尽管在当年的试水中，欧式调理面包并未见明显的市场反馈，但克莉丝汀并未放弃对突破口的寻找。

为了在产品质量和口味之间找到平衡，经过半年辛苦研发，克莉丝汀的研发团队交出了一份颠覆式的产品，也是克莉丝汀近年来最重要的产品链之一：全熟冷冻面包。

在充满气体氮的包装袋内，有一块类似法棍的面包，上面是根据不同口味调和涂抹的蔬菜丁、火腿丁、培根丁、奶酪。简单来说，它是披萨和法棍的结合体。这样一块面包，从克莉丝汀南京生产基地出厂，通过庞大的集中冷链运输网络，运送到门店时，仍然是沉睡着的。

唤醒它的钥匙是烤箱的温度，根据客户的需求可以随时烘烤6-7分钟，就成为热腾腾的美味。而消费者买回未加热的冷冻全熟面包，也可以在冰箱的冷冻室里急冻，有60天的保质期，想食用时也只需要6-7分钟的烤箱唤醒时间。

克莉丝汀的研发团队并没有止步于此，通过漫长的试验阶段，在烘焙工艺上配料上加以改进。所有的改进，只围绕一个主题：做出更适口的、少油、少糖和少盐的欧式面包。天道酬勤，口感松软不放置任何添加剂的"软欧"，成功出炉！

这不但是一种改变自身产业格局的创新之举，也极有远见地改变了行业格局。

热爱健身的小卢，是资深的克莉丝汀"欧包"爱好者，他戏称"我应该是欧包中毒者才对"。在爱上健身之前，早餐或晚餐因为时间仓促就常常是面包加咖啡。随着健身习惯的养成，他逐渐意识到，一个健康的身体，需要严苛的饮食管理，即便身处都市，生活节奏快，用餐时间少，也绝对不能怠慢自己。顺理成章地，克莉丝汀少油、少糖、少盐的欧式调理类面包，就成了他的上佳之选。

在很多上海人眼里，克莉丝汀给人的印象是"亲切"和"习惯"，就仿佛你的左邻右舍，在你身边随处可见，她伴随了一代上海人的成长。每当驻足门口，克莉丝汀标志性的酒红色装潢色调、暖色灯光和各色美食，总会让人心里涌起幸福感。而分布在城市甚至社区角角落落的克莉丝汀门店，无论何时，我们只要走进去，就可以得到一份"美味"与"安心"。

（文/克丽丝）

伙伴"阿咪"又长大

宝利诺纯脂黑巧克力，是上海阿咪儿童食品有限公司（以下简称"阿咪"）收购比利时巧克力品牌"宝利诺"后，推出的新产品。宝利诺纯脂黑巧克力，选用西非加纳进口的可可豆和法国进口的麦芽糖醇，制成65%cocoa和72%cocoa的纯脂黑巧，达到欧盟纯脂巧克力标准，不含植物油，不含乳脂，忌糖人士可以放心享用。

说起阿咪，上海人都知道，上世纪90年代，一款名为"阿咪奶糖"的产品曾红极一时。许多80后的记忆里，都"住"着一只扮相可爱的猫咪，即阿咪logo。和大白兔、金丝猴、喔喔一样，阿咪也是影响了几代人的奶糖品牌。

据上海文化研究专家钱乃荣介绍，那时阿咪奶糖的糖纸因反光发亮深受收藏爱好者喜爱，"能集齐8款阿咪奶糖的包装纸在那时是很扎台型的"。不过，后来随着进口食品的大量涌入，这些本土品牌逐渐失去了往日的影响力。

在上海展览中心举办的"2016中国上海国际食品博览会"上，一位消费者在"上海老字号企业展区"阿咪食品展位前，一边选购产品，一边说："阿咪就是原来的'幸福'，我从小吃到大的鸡仔饼就是这个厂生产的。上世纪90年代初，我经常排长队，只为给儿子买包200克的阿咪奶糖，所以，我对这个牌子的感情特别深。"这位消费者称，自己退休后出于健康考虑，很少吃糖，这次听朋友说，阿咪在展销会上推出了无蔗糖的产品，就跑来看看。"我试吃了一下，感觉这个新口味真的不输当年我们喜欢的老产品，又新鲜又亲切。"

阿咪为改制后的老字号糖果、糕点食品专业企业，其前身为广东人郑文彬先生在1941年创办的"幸福食品号"。1958年8月，公私合营改制时，

"幸福食品号"与几十家糕饼小作坊合并，更名为"幸福食品厂"。

上世纪90年代初，在沪上老字号企业普遍遭遇发展瓶颈的大背景下，阿咪食品实行了转制。此后，"阿咪"专注于无蔗糖食品这一细分领域，主要从事无蔗糖西点、糕饼、糖果和巧克力的研发、生产制作和批发零售。代表产品有橄榄糖，虽然是糖果，但形似橄榄，口味更像拷扁橄榄，在上海曾经风靡一时，在华侨商店要凭侨汇券才能买到，部分产品还通过福建销往台湾。

1989年，公司自行设计并注册了"阿咪"文字和图形的商标（商标起名阿咪是源于江南一带对小猫咪的昵称）。1990年下半年，"阿咪"奶糖开始投放市场。产品的商标图案是一只戴着小红帽的可爱小猫，产品包装上设计了8只活泼可人的小猫咪。

该产品一问世，旋即引起轰动，消费者对"阿咪"奶糖的评价是："吃口好，奶味浓，营养好，弹性足，不黏牙，包装靓丽。"许多小朋友吃完糖果还舍不得扔包装纸，把它们悉心收藏起来。公司为做好产品宣传，专门制作了"阿咪"动画的画册、"阿咪"图案的书包、"阿咪"广告衫等，并将之送到了沪上幼儿、少儿手中。

对此，新闻媒体、电台、电视台纷纷进行了报道。《解放日报》在1991年9月29日的头版发表了长篇文章《小猫咪风靡大上海说明了什么》。在此期间，公司还开拓了"阿咪"奶糖海外市场。

在阿咪人看来，"老字号"主要是为"老"服务的，所以必须和其他新潮老年用品一样具备适老性。本着这一理念，阿咪细分市场后开始研发无蔗糖食品，了解到老年人对食品种类的诸多要求后，他们陆续研发了糕点、曲奇、糖果等60余个品种，包括近期推出的麦芽糖醇黑巧克力等。这些产品都颇受中老年顾客欢迎。"很多老人不会用电脑，又没法跑远路去买产品，所以我们还准备推出方便他们使用的400电话购物系统，把适老性做到更好。"

2010年世界糖尿病的普查数据显示，中国早已成为糖尿病的第一大国，"三高"和肥胖问题也日益凸显。

"美国霍普金斯大学医学院的一项研究结果显示，可可豆里含有丰富的天然抗氧化物类黄碱素，有利于血管畅通，也可使罹患心脏疾病的风险大大降低。从中国市场情况看，高可可含量的黑巧克力市场空间在持续扩大。现在市场上70%可可含量的无蔗糖纯脂黑巧克力主要还是以进口品牌为主，对于国内企业来说，正是一片可供开掘的蓝海。"

而事实上，早在上世纪90年代，阿咪就在同行中具有前瞻性地进入了"低糖、健康"这一细分领域。针对国内糖果糖度高、易发胖、易蛀牙等缺陷，阿咪奶糖将糖度降至国内糖果的最低水平，引得家长纷纷为这只可爱的"小猫咪"掏腰包。

阿咪能相中无蔗糖食品这一窄分领域，应该说是非常有远见的。上世纪90年代，阿咪奶糖在最红火的时候，给铺货的食品店一个月就发两次货，"像计划经济一样，配给供应"。经过多年耕耘，阿咪生产的各类无蔗糖产品销售到除西藏、台湾以外的国内各个省市，在无蔗糖食品这个细分市场中拥有良好口碑。

然而，阿咪人清醒地看到，企业发展到今天，只围绕无糖这一窄分市场，虽然重度垂直，却远离市场上极具实力的消费群体——年轻人、都市白领，必须寻找新的经济生长点和突破口。

2016年5月，阿咪食品正式宣布收购比利时宝利诺品牌。该品牌原属于比利时巧克力厂商Elidrissi Mehdi家族，在比利时这个巧克力王国，该家族几代人都从事手工巧克力的生产与经营，是欧洲典型的匠人。

阿咪将"宝利诺"品牌定位于以面向年轻人、都市白领为主的低糖健康食品。据了解，"宝利诺"不仅主打当今流行的65%可可含量的"黑巧克力"，在收购宝利诺品牌同时，"阿咪"也引进了Elidrissi Mehdi家族的生巧技术和工艺。

阿咪此番收购"宝利诺"，是对自己"无糖主义"企业定位的一次2.0版本的升级。

"生巧"由日本人发明，以"Royce"生巧最为我国消费者熟悉。和一般巧克力相比，由手工制作的生巧在可可粉等原料混合之后省去加热工艺。该工艺最大限度地保留了原料的新鲜，创造出了入口即化的独特口感，深受时下人们喜欢。

就日本"Royce"生巧的销售情况来看，其中贡献最大的是中国消费者，他们多数通过"海淘"方式购买。也正是看到这样的市场需求，宝利诺计划以更亲民的价格打开局面，以竞争者的姿态冲入市场。

和经历了长途运输的海淘生巧相比，由上海中央工厂制作的宝利诺生巧可以快速抵达消费者。销售方式充分结合线下体验店和线上即时下单的O2O模式，颇受市场欢迎。

面对"互联网+"的挑战，阿咪正在积极谋求转型之策。未来将分为三大板块同步推进：一是继续做实"阿咪"无蔗糖食品，在网购领域有所突破，优化线上营销；二是做大"宝利诺"巧克力，将阿咪食品由无蔗糖领域向健康低糖领域延伸；三是做细"阿咪"糖尿病患者线上社区，拓展糖尿病大数据分析领域。

依托阿咪品牌多年来在糖尿病患者中的口碑，阿咪还计划打造一个糖尿病人的线上社区。与其他糖尿病人关注于求医问药的社区不同，阿咪糖尿病社区更加侧重于关注这一人群在食品方面的特殊需求，为他们提供丰富的名特优产品。让不能吃甜食的老人，得以重温往日的大好时光，把"老吃货们"的习惯研究透彻……

阳光下，打开印有卡通猫咪的铁盒，揭开油纸，纵横排列的生巧，如脂如膏。取出一块，放入口中。顷刻间，它便融于口中，润而不腻，留下一抹爽滑，留下丝丝余味。沉醉间，仿佛听见猫咪在轻呢，喵哉，妙哉！

（文/阿　弥）

美味奇缘"珍尼花"

阳光透过咖啡店偌大的玻璃窗，安静地洒在桌台上。她靠着温暖的转椅，闲散地躲在午后时间的夹缝中，享受片刻的慵懒。桌上的咖啡杯口向外冒着腾腾热气，她拿起一块珍尼花曲奇，放在嘴边，想了想又放下。随着这一动作，她的心陷入沉思。她认识他，也是在这么一个慵懒的下午。

两年前的同一时分，她像往常一样走进这间咖啡店，在这张桌子前坐下，点了一杯卡布奇诺。

他来了，笑容可掬地朝她点点头说，旁边能坐否。

"可以。"

他很绅士地坐下，也点了一杯卡布奇诺，并对服务员说，来一碟珍尼花曲奇。

缘分就是这样奇妙，有的人一见面就能迅速碰撞出火花；有的人相处一辈子，宛如两条平行线，永远走不到一起。

他将装有珍尼花曲奇的碟子，有点自来熟地推到她面前说，这个曲奇很不错，是两个年轻人按照新西兰马尔堡一个曲奇作坊的家传配方，尝试了100多个原料比例组合后才制成。他说，珍尼花曲奇牛油味香浓，口感酥松，营养健康，最大的卖点是没有任何添加剂、防腐剂。与市场上的曲奇相比有两个提升：口感提升，根据冬夏两季不同的温湿度，摸索出两套不同的生产工艺，以达到相对均一的"入口即化，酥松香醇"的口感；口味提升，将曲奇的含糖量降低到欧美产的曲奇，使其更适合中国人的口味和健康理念。值得一吃！

他很有风度地说，认识她很荣幸。并自我介绍，自己是个"IT民工"，大学毕业后，在一家软件公司负责编程。她接过珍尼花，心里那根弦被轻轻地拨动。她从小是吃丹麦蓝罐曲奇长大的,对曲奇有着非同一般的感情。从湖北来到上海后,还是第一次有人请她吃曲奇。于是,她很有礼貌地说,谢谢。并随口告诉他,她是一家杂志社的编辑。

理科男碰到文科女,火花不断。

他很健谈,在随后的聊天中,他说,曲奇作为世界上最受欢迎的食品之一,在欧洲出现得比文字还早。根据文献记载,公元前170年的古罗马时期,曲奇用来奖励小朋友,其后又出现在宗教仪式上。至文艺复兴时期,曲奇开始加入蜂蜜和水果。时至今日,曲奇已经遍及世界各地,常与茶和咖啡相伴。

在幽暗的灯光下,他用自己充满磁性的嗓音,富有感情地讲述了这样一个故事:

在一次聚会上,一位英俊高大的马来西亚籍男士,被身边一位气质优雅的中国女子吸引。接下来的两天行程中,男士的目光始终跟着这个中国女子,他知道自己爱上了她。聚会临近结束时,他鼓足勇气邀约她,却被她拒绝。

后来,男士通过很多方式得知,这个中国女子是一位事业有成的青年企业家,身边追求者无数,他失眠了……在分开后的一个多月,他日夜思念这个中国女子,他决定动身前往中国寻找她。来到中国,他看到女子的办公室堆满了追求者送来的鲜花。这个中国女子以普通朋友的身份,接待了他。他回国了,但思念却更深了……

他决定再次前往中国找她,每次都只为她而来。但如何能让她明白他的爱?他决定给她买一份别出心裁的礼物。在机场徘徊时,他闻到不远处飘来曲奇的香味。顺着香味,他一家一家店铺找去,终于买到一份"不知轻重"的礼物……当他忐忑地将曲奇饼交到中国女子手中时,意外地发现她笑了,开心地吃着,不停地说"好吃",还问道:"这是你亲手做的吗?"他没有直接回答她的问题,但似乎发现了什么!他回国了……

回国后,女子的音容笑貌始终在脑海盘旋,他想起她说的话:这是你亲手做的吗?于是,他开始亲手给她做曲奇饼。他寻遍各地的高级糕点师,请教并配制了各种秘方。在一次又一次的曲奇饼出炉后,他会找来身边所有认识的不认识的人试吃。对于每个试吃者,他都会询问"吃后感"。因为他是用"爱"在做美食，希望吃的人能感受到"爱"。

半年后，他拿着亲手做的曲奇饼再次来到中国，女子吃了之后，了解了他整个制作研发过程，非常感动。说道：我一直等待的就是这种感觉，这种执着，这种爱。

男士终于打动女子的芳心……为纪念这份真爱，他们将这曲奇饼命名为la Pasion.（西班牙语语意：爱与激情）。

她被他所讲述的故事打动。借助珍尼花曲奇，他们的话题变得广泛起来，人生、理想、愿景，越谈越深入，越谈越投机。爱情就是这样简单，他们因珍尼花曲奇相识、相知、相爱。

女人都是感情动物，她因他而喜爱上了珍尼花，并从"度娘"那里了解到了珍尼花的前世今生：

珍尼花的创始人Jeff和Tony一次在咖啡店，品尝价格不菲的曲奇饼干时，不约而同地想起，多年前吃过的一款新西兰马尔堡地区的家传高端定制曲奇，它具有奇特的美味，细腻的口感，轻松一抿即在口中融化的妙趣。时过多年，这款曲奇饼干的味道，依旧让他们难以忘怀。

他们决定研发一款能与新西兰马尔堡曲奇相媲美的曲奇饼干，将它的美味带给更多的人。

好吃的曲奇，一定要用上好的黄油。而新西兰的气候、环境能够生产出上好的牛奶，有好牛奶自然就有好黄油了。那么，当地人应该会有制作上好曲奇的配方。通过在新西兰的亲友的大力帮助，他们终于在马尔堡一个曲奇作坊里得到了一份家传的曲奇配方。按照当地人形容：酥松，好吃，停不了口。

这个曲奇配方在口感上占有优势，但是最大的保质保鲜的问题还需要自己解决。怎么才能既保留马尔堡配方的口感，又能保存新鲜呢？通过一年多时间的研发，他们终于解决了所有难题。

新配方秉承原配方天然、健康、营养、美味的理念，既保留了口感，又能通过食品原料自身的互相调和，从而达到保质保鲜的目的。

在她的印象中，曲奇的包装都是圆形罐子，而珍尼花的包装却是方形罐。他为她解疑：因为，曲奇有花状的，也有条状的，这两个小伙子经过不断地比较测试，发现方形的罐子在产品摆放上更加美观合理。同时，为区别于市面上其他品牌曲奇的外观，他们选定方形罐作为珍尼花曲奇的包装。

在她的眼里，Jeff和Tony是不按常理出牌的奇葩，就像她的他一样。为了让珍尼花曲奇拥有令人眼前一亮的视觉效果，Jeff和Tony特地找了一位知名时装杂志的设计师去设计珍尼花的品牌形象。当时很多人质疑，为什么不找做食品行业包装的设计师呢？答案很简单，跳出传统食品包装的模式，将流行元素带入珍尼花的设计中。这样，包装精美华丽的珍尼花曲奇，除了是食品外，还能成为馈赠亲友的礼品。

他们热恋着，经常在这家咖啡店约会，珍尼花曲奇很忠实地陪伴着他们。一次，他轻声告诉她，下一个情人节，他会在大庭广众向她求婚。单膝跪地，向她递上一盒印着可爱小熊图案的珍尼花曲奇和一束玫瑰花。一定很浪漫，很有新意。

曲奇原本就是爱情的信物。她很享受他所说的这一切，作为一个特立独行的女子，她愿意让曲奇见证她和他的爱情。而且，是珍尼花让他们相识相爱。她期望着这一天能早点到来。

情人节到了，他却没有来。她泪眼婆娑，痴痴地呆呆地望着天空，手里紧紧抱着一盒珍尼花，始终想不出他失约的理由。

手机铃声打破了她的思绪。来电者告诉她，他因车祸去世，在他的副驾驶座上是一盒珍尼花曲奇和一束玫瑰花。这一来电，使她昏厥过去。等她醒来，已是三天后。

那天，她挣扎着虚弱的身体，捧着珍尼花曲奇到殡仪馆去送他。一步一哭，泪如雨下，将浸满情和爱的珍尼花曲奇，轻轻放在他的身旁，撕心裂肺地嚎啕大哭。在场者，默默地看着她的动作，无不为之动情。

……

（文/徐　安）

"石库门"里酒香盈

周末晚上，同学聚会，男男女女10来个人，接连喝了20多瓶石库门上海老酒，1人喝了近2瓶。石库门上海老酒让我对黄酒有了一个全新的认知，入口的是酒，品味的是文化，套用一句话"我喝的不是酒，是情怀！"

石库门上海老酒，由上海金枫酒业生产，沪上销路很畅，这里面含有浓厚的地域情感。

石库门，是极具海派风情的民居建筑，是上海这座城市的语言，能够体现上海文化符号的元素。作为上海独具风貌的典型建筑，曾有60%的上海人生活在石库门里。它的设计融合了中西建筑风格，既时尚又传统，东情西韵兼融，且糅合西方古典主义、现代主义、东方工艺，是独属于上海的优雅与荣耀。作为近代上海起点与发展的外滩地区建筑群也一样，它所展现的是外来文明与本土文明的有机糅合、创新发展以及"海纳百川"的气度和文化。

这两个符号，都蕴藏着极大的经济和社会价值，因为文化就是一个民族的身份证，它具有归属感、认同感和自觉性。记载着几代上海人生活变迁的石库门，曾一度因城市改造而被高楼大厦取代。

正因为石库门是上海近代文明的象征，"重返石库门"的怀旧情愫，近年来悄悄地在城市各个社会层面弥漫。

如果说代表空间符号的"新天地"完美演绎了上海独有的城市人文形态与当代消费主义，展示着城市文化"嬗变"与"接纳"的轨迹；那么石库门符号的另一个重要代表——"石库门上海老酒"，则蕴涵上海作为经济开放前端城市的进取心与包容姿态：充满儒雅的海派风情，尊重传统、崇尚经典，又兼顾多元，力求时尚。

中华民族上下五千年，黄酒亦历经五千年，堪称"国之瑰宝"，与"法国葡萄酒"、"德国啤酒"共称"世界三大最古老的酒种"。黄酒不仅历史悠久，从营养健康的角度来说，内含21种氨基酸，是啤酒的11倍，葡萄酒的12倍，其中有助人体发育的赖氨酸含量与啤酒、葡萄酒和日本清酒相比，要高出2-6倍。同时，黄酒是纯酿造酒，具有低酒度、低耗粮、高营养的特点，符合国家酒类发展的产业政策和世界酒类消费趋势。

但是，传统黄酒多年来并没有关注消费者口味和消费能力的变化，多用于家庭聚会。因而，多年来，市场起色不大，消费者逐渐流失。

2000年，金枫酒业从品牌、瓶型、口感、质量、商标等多个方面展开调研，从对黄酒的认知到对黄酒的期望，充分落实到细节。调查结果显示，黄酒并不像传统观念认为的缺乏市场，而是市面上黄酒品种太少，数量不够丰富导致消费者选择受限。有消费者认为，上品黄酒应该呈琥珀色，并以"XO"来形容。它决定了黄酒的酿造技术从此需要"转型升级"。

目睹了其他酒类看似繁华实则惨淡的尴尬局面，金枫面临一个重大的思考：黄酒到底卖的是什么？黄酒到底怎么卖？为此，金枫酒业进行自我否定，重新把黄酒定位为古老韵味和现代口味相互渗透，传统与时尚并存不悖的酒种。

2001年，金枫酒业尝试走高端路线，推出了有"中国XO"美誉的"石库门"品牌，无论标光还有口感，金枫黄酒已经摒弃了苦涩、浑浊的古老模样，焕发出与众不同的光鲜。

产品包装犹如人的身上衣，不仅美化了产品，也是品牌个性的直观体现。石库门"上海老酒"的品牌定位，以红色、黑色为基础色调，用红色体现"2001"的时尚、精致、动感，用黑色衬托"1939"的沧桑、高贵、历史感。独一无二的扁瓶设计，更适合石库门图形的演绎，也体现了海派文化应有的洋气，而扩大后的瓶贴接触面，在货架上也更容易捕捉消费者的视线。这些无一不花费心思，无一不出人意料，准确地传达了石库门品牌的特征，令人一见倾心。

石库门上海老酒作为海派营养型黄酒，秉承内在的纯粹，在坚守黄酒

"纯粮精酿"品质与文化精髓的基础上，创新海派黄酒酿造工艺，从原料、酒基到工艺、酒体乃至健康营养，进行了一系列适应当代人口味和品位的大胆改良，以现代化黄酒工艺精心酝酿，从酒格到酒韵都呈现至臻至纯的上海味道。

从每一粒米，到每一瓶酒，细节精致。计算机全程控制发酵温度，既改善了口味，又确保了酒基品质的一致性；冷冻过滤工艺彻底消除了存贮以后产生的蛋白质沉淀，令成酒各项指标全面升级，达到了XO的水平，香气浓郁优雅，口味柔和醇厚。

从名字到设计，强烈海派风格迎面而来。"石库门"上海老酒，注重低度的口感，添加了市民喜爱的甜味蜂蜜、枸杞、话梅等。虽然定价是以往黄酒的十倍，但消费者却很买账。

石库门上海老酒的创新，并没有因为2001年扁圆型酒品的诞生而终止。消费者在变化，就必须顺时、顺势而动。如果，品牌不能引起年轻人的注意，不能与时俱进，那就意味着失败，金枫酒业把培养品牌比作一次孕育新生的过程。

2003年，金枫酒业推出了质量更高、定价也更高的12年-15年陈"锦绣"系列，以及20年陈的"经典20"。后者的定价远高于"红色峥嵘"和"黑色醇香"。在产品形象上，又精心设计，在"经典20"上采用了黑色哑光蒙砂瓶，瓶子中间凹处贴上了经典画法的石库门金色铝纸标贴。金色的"上海老酒"中英文字样，直接烫印于黑色瓶体上。

金枫酒业敏锐地感知到：石库门上海老酒，是到了该有自己专属尊酿的时候了。于是，他们邀请曾参与绘制中华人民共和国人民币图案的美术大师刘金新先生，以精致细腻的铜版画技法重新演绎外滩的25栋大楼，并将之用于石库门上海老酒的新包装。

为什么选择外滩？在他们看来，上海的城市形态就像一棵大树，外滩的建筑群就像大树的根瘤，它不断地从黄浦江汲取外来文化的养料，慢慢滋生出南京路（大马路）这根树干，二马路、三马路、四马路等大大小小的分枝，枝枝蔓蔓，盘根错节。而那些饭馆、酒家等，则是果与叶。树不断长大，再向外衍生出静安区、杨浦区、徐汇区、普陀区……而真正的根系，即外滩的这一排建筑。既然，新天地意味着"请进来"，那么外滩就代表着"走出去"。上海老酒与新天地承接，与外滩重逢。

刘金新大师耗时23个月零17天，完成了外滩建筑群最后一幅画稿。每一幅画都由线条组成，一扇扇门、一块块砖、一朵朵云……都在演绎历史，勾画未来。

外滩25栋建筑的绘画稿，成为石库门上海老酒"荣尊30"的象征图形，赋予酒瓶新的生命力，以一种独特的方式珍藏外滩。白色的瓶体、蓝色的建筑，镶嵌着精致的石库门LOGO……至此，25瓶蕴藏着馥郁酒香的石库门上海老酒"荣尊30"诞生。

有人曾问："凭什么一瓶石库门上海老酒可以标价800元？"套用LV总裁的一句话："奢侈是一种文化，文化是奢侈品。"有消费者购买石库门老酒的高端定制酒，不是他们有钱就任性，而是他们认同了酒中的文化。正如一位时尚界人士所说："真正的奢侈品，是低调的华丽，是精心雕琢的细节，是用时间和智慧提取的精粹。是从不张扬地大声宣布——我很贵。"

对于金枫酒业来说，黄酒制造业还有很大的发展空间。中国的黄酒业仍然处于工业经济时代，大多数人执行着朝九晚五的作息时间，没有与酒吧、与夜生活亲密接触，这意味着石库门上海老酒还有很大的潜在市场可供发掘。

凭借石库门上海老酒的全新品牌形象，金枫酒业创造了税利增长近5000%的奇迹。当你细细品味金枫酒业走过的历程，你会发现，"创意"与"传统产业"碰撞，可以擦出极其炫目的火花！

（文/石　纹）

清晨第一抹"津彩"

　　早晨，一杯牛奶，两片吐司，抹上津彩果酱，一份从容淡定、即走即吃的健康美味，为中国人"油条+豆浆"、"米粥+包子"的传统早餐方式，提供了丰富新颖的选择。

　　说到果酱，不得不提它的原料——水果。津彩佐餐健康果酱的创始人黄海瑚先生，对水果有着深深的情感。童年，黄海瑚先生居于温州，家乡的杨梅、瓯柑等水果远近闻名。这些水果，是那片热情的乡土馈赠给乡亲们最甜蜜的爱。每当春夏交替，集市里就传来小贩热烈的吆喝声，五颜六色的水果齐齐上市，散发着阳光的味道。卖相好、个头大的争相被人们选走；没人看上的，只能慢慢地腐烂。很少有人想过，这些在艳阳的热情和细雨的多情下催生出的果实，是大自然赠予人们的绝佳礼物，它们在属于自己的时节成熟落地，与有缘人相识……有心的人，会想留下它曾经来过的证据，试图以某种特殊的仪式感，封存住那个季节独有的美味。

　　长大后，远走他乡的黄海瑚先生，始终难忘那些饱含乡土气息的水果。研发津彩佐餐健康果酱的初心，便是希望能够将这份美味保留起来，留住水果的天然营养，还原最真实的果粒口感，带给人们健康快乐与美好的生活体验。将水果制成美味果酱，这大概是在喧嚣的城市中，对食物、阳光和土地最真挚的情愫了。

　　从温州到贵州，到苏州，再到上海，黄海瑚先生的这份坚持从未改变。2003年，由他带领的上海海融食品科技股份有限公司，从苏州搬迁至上海奉贤工厂。2004年，果酱生产线上线，起初是以原料果酱为主，后来延伸至佐餐果酱。

　　当时处于21世纪初，上海正以更为开放包容的姿态拥抱世界。崇尚

"海纳百川，兼容并蓄"的海派文化，以其独特性、开放性、创造性、多元性，吸引着世界各地的人纷至沓来，中外优秀文化在这里融会贯通。

包容与胸襟，恰恰也是黄海瑚先生所坚持的企业经营管理之道。西式早餐讲求科学性，主要供应一些选料精细、含少量粗纤维、营养丰富的食品，如各种蛋类、面包、饭料等。这些食品作为早餐非常适宜，以致大多数西方人来到中国后仍习惯吃西式早餐，同时越来越多的东方人也爱上了食用西式早餐。之所以从事佐餐果酱的研发生产，是因为黄海瑚先生不仅想给予人们更丰富的早餐选择，还想打造海派文化的精品商品。伴随"海派文化"在国内乃至世界的传播，津彩佐餐健康果酱声名鹊起。

说到津彩佐餐健康果酱的命名，黄海瑚先生说，"津彩"取"精彩"的谐音，寓意新兴的西式早餐改变传统早餐形式，带给人们一种全新的精彩体验。同时，"津"表示口水，酸酸甜甜的果酱，让人忍不住去品尝，能够给人带来无穷回味。"彩"代表了水果的缤纷色彩，果酱不仅留住了水果本身的色彩，还留住了那一抹阳光的色彩。"津彩"是对人们生活的美好祝愿，让人们感受生活本真的姿态，体验多姿多彩的人生经历。

津彩佐餐健康果酱的制作非常有讲究。选定大小适中的水果，剔除腐烂裂果，去核、去皮、切片，置于食盐水中浸泡保护色。对于选用哪种成熟度的水果，很多人觉得：水果不应该越熟越好、越甜越好么？其实不然。黄海瑚先生带领研发团队，对不同成熟度的水果进行研究，经过反复试验，并针对不同年龄层次的人群开展试吃调查，发现选用七分熟搭配三分涩的水果，才是做出美味果酱的黄金比例。初熟的水果负责提供甜度，而那些仍有硬度的果子里的大量果胶、果酸及单宁，不仅能帮助果酱呈现顺滑的胶状质地，还能搭建起甜、酸、涩的层次，赋予成品鲜活的生命力。

果酱中还有一个重要角色，那就是糖。糖不仅可以增加甜度，使果酱的味道更甜美，还有一个重要使命——防腐。为了还原水果的真实美味与营养，津彩佐餐健康果酱不添加人工制成的香精、色素、防腐剂。熬制果酱时加入大量糖，糖渗透到水果的中心，把水分从细胞里拽出来，让微生物们无处遁形，由此起到防腐的

作用。津彩佐餐健康果酱精选进口细砂糖，甜度适中，细腻丝滑，非但没有抢了水果的风头，反而烘托了水果甜、酸、涩的丰富口感。

在决定生产哪几种口味的果酱前，他不仅对不同年龄层次的人群进行抽样调查，还每天去水果市场观察，了解目前人们对水果的需求、选择标准以及原因。调研后发现，当下人们采买水果，不光为了满足口腹之欲，更是对健康生活的一种追求。很多人认为，食补胜过其他任何一种养生方式。因此，挑选水果更具有针对性。比如，上班族经常对着电脑，多数人会选择蓝莓。蓝莓中富含花青素，具有活化视网膜的功效，可以强化视力，防止眼球疲劳。蓝莓极高的营养成分，具有防止脑神经老化、保护视力、强心、抗癌、软化血管、增强人机体免疫等功能。

又比如，女性顾客更多地会选择蔓越莓。蔓越莓含有特殊化合物——浓缩单宁酸，除了被认为可预防妇女常见的泌尿道感染问题外，更有助于抑制幽门螺旋杆菌附着于肠胃内，降低胃溃疡及胃癌的发生率。并且，其含维生素C、类黄酮素等抗氧化物质及丰富果胶，能养颜美容、改善便秘，帮助排出体内毒素及多余脂肪。蔓越莓中更有一种非常强力的抵抗自由基物质——生物黄酮，而且它的含量高居一般常见的20种蔬果之冠，能有效地抗老化，预防老年痴呆。

而男性顾客比较偏向于购买覆盆子。正如《本草通玄》中所说："覆盆子，甘平入肾，起阳治痿，固精摄溺，强肾而无燥热之偏，固精而无疑涩之害，金玉之品也。"覆盆子果实酸甜可口，有"黄金水果"的美誉，并含有相当丰富的维生素A、维生素C、钙、钾、镁等营养元素以及大量纤维，能有效缓解心绞痛，预防血栓、保护心脏，预防高血压、血管壁粥样硬化、心脑血管脆化破裂等心脑血管疾病。

经过长期的市场调研，黄海瑜先生最终将津彩佐餐健康果酱的口味确定为蓝莓、蔓越莓、覆盆子、草莓、脐橙，以及玫瑰花瓣酱。

好的果酱，永远来自于在合适的生长环境中成长的果子，并且在风和日丽的清晨，新鲜采下、即刻烹煮的好果子。为此，津彩佐餐健康果酱在全球范围内对水果原料精挑细选，于黄金时间将其采下，直接空运回国，尽可能缩短时间，保持水果颇为完好的状态。

　　在一次次的试验、检测之下，2011年，津彩佐餐健康果酱问世。每瓶果酱的果肉用量大于等于50%。由于津彩佐餐健康果酱不添加人工制成的香精、色素、防腐剂，一瓶果酱打开后，如果没有及时食用完毕，剩余的果酱容易发生变质，从而造成浪费。为此，黄海瑚先生与研发团队反复调查、测试，将津彩佐餐健康果酱的瓶装规格从原先的65g和170g，改为现在的50g和150g。50g规格的果酱，适合单人食用，打开后，三天内食用完毕即可。而150g规格的果酱，为一家人三天的食用量。这样，有效减少了果酱浪费的情况。

　　随着海派文化的流行，西式早餐逐渐赢得国人喜爱，国人对果酱的喜爱程度随之上升。自2013年起，津彩佐餐健康果酱凭借"多果胶，少淀粉"的特点，已两次荣获"上海特色旅游食品"殊荣，在上海旅游食品节的知名度也直线上升。特别定制的津彩佐餐健康果酱礼盒版，也凭借美观时尚的礼盒包装、美味的健康果酱，成为人们喜爱的馈赠佳品。

　　海纳百川万里路，融情世界一卷书。黄海瑚先生以及他所带领的企业海融食品科技，正迎着朝阳奔跑，努力让"津彩"成为晨曦中的第一抹"精彩"。

（文/景　思）

秋阳杲杲云耳肥

周日，从楼下超市选购了一盒"闽龙达"有机单片厚秋耳，煲排骨汤。秋耳，是秋木耳的简称，也是东北大小兴安岭林区、吉林长白山林区秋季收获的黑木耳。

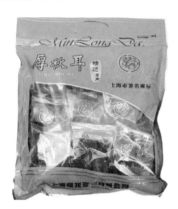

黑木耳是一种营养丰富的食用菌，它的别名很多，因其形似人的耳朵，故名木耳；又似蛾蝶玉立，又名木蛾；因它的味道有如鸡肉鲜美，故亦名树鸡、木机（古南楚人谓鸡为机）；重瓣的木耳在树上互相镶嵌，宛如片片浮云，又有云耳之称。

按照木耳生长的季节，立秋前采摘的木耳称为"春耳"，立秋后（一般指9月份以后）采摘的木耳称为"秋耳"。

春耳生长期间气温高、雨水多，虽然生长快，但是色泽浅、耳片薄、吸水膨胀率低；秋耳是在立秋以后生长，温度低，昼夜温差大，积累的营养成分丰富，朵形略小于春耳。秋耳肉厚有弹性，具有胶质软糯的口感。水发性好，一斤秋木耳能泡出十斤左右。

人们经常食用的黑木耳，主要有两种：一种是腹面平滑、色黑、背面多毛呈灰色或灰褐色的，称毛木耳（通称野木耳）；另一种是两面光滑、黑褐色、半透明的，称为光木耳。毛木耳朵较大，但质地粗韧，不易嚼碎，味不佳，价格低廉。光木耳质软味鲜，滑而带爽，营养丰富，是人工有机栽培的一种。

目前，市面上有售的"闽龙达"有机单片厚秋耳，是木耳中的高端品种，相传为清代太医所发现。与一般木耳相比，单片厚秋耳耳片小而舒展，肉更厚而口感更鲜嫩。味道鲜美如鸡肉（要知道咱们老祖宗都是拿鸡肉粉当味精提鲜），是"素中之荤"的高档食材。

秋木耳肉质细腻，脆滑爽口营养丰富，含有蛋白质、脂肪、碳水化合物、多种维生素和无机盐。不仅是烹调原料，还具有一定的药用价值。

明代李时珍在《本草纲目》中就记载："木耳生于朽木之上，性甘干，主治益气不饥，轻身强志，并有治疗痔疮、血痢下血等作用。"我国民间也有用黑木耳加水煎服来调养女子身体之例。

《饮膳正要》称其"利五脏，宽肠胃"。《随息居饮食谱》载："补气耐饥，活血，治跌扑伤，凡崩淋血痢痣患肠风，常食可愈。"南宋爱国诗人陆游注意养生，嗜食薏米和木耳，有诗曰："唐安薏米白如玉，汉嘉木耳脯美胜肉"，所以"八十身犹健，生涯学灌园"。

我最早认识秋耳是在上世纪70年代，同学从大兴安岭林场回沪探亲，给我带来了一袋。彼时，我们只知道白木耳可以做银耳羹，黑木耳只能做菜（那时是物质极其匮缺的年代，不管是白木耳还是黑木耳，都是很紧俏很稀罕的食品，我们一般只能在过春节时，饭桌上的排骨汤里，偶尔见到它的尊容）。

同学的父亲早年从浙江宁波到上海闯荡，在南市老城厢开了一家南北货商店。耳濡目染，同学从小对吃就比我们有研究，小小年纪就喜欢自己动手做一些美食，带到学校与我们分享。

同学说，这是秋木耳，在东北的椴木、榆木上，通过人工栽培长成。一年中，仅秋季采摘一次，产量极其少。作为食材可以煲汤、作羹，也可以凉拌。

当时，在我有限的认知里，木耳凉拌还是闻所未闻。同学解惑道，凉拌秋耳，入口肉肉的，相当不错。紧接着，他好为人师地传授道，在大兴安岭他们经常凉拌秋耳。做法很简单，将秋耳焯水后，根据口感要求决定是否过凉水。过凉水则口感发脆，不过凉水自然晾凉就仍然是肉肉的口感。再加上可以生食的香菜和胡萝卜，口感清脆微甜；调料也极为简单，只用少许陈醋、生抽、盐，少量白糖提鲜。比例可以根据自己的口味来调整。加点蒜末，更有滋味。如果能加一些冰块冰镇一下再食用，那么口感更棒。我照此法一试，果真如此。

同学说，干木耳也可以干炒来吃的，因为它本来就是菌类，对人还是有益的。而且做干炒木耳方法很简单。就是把木耳洗干净，放在锅里烧至五成熟，放盐再加水，盖上锅盖慢慢煮，大概半个小时后就可以了。他说，他们林场的那些爱俏的姑娘们，喜欢将干木耳磨成粉，再加点蜂蜜敷在脸上，美白作用显著。

上大学时，学校食堂经常供应木须肉。那时猪肉是要凭票供应的，不知何故，学校食堂里所售的木须肉都只有黑木耳和鸡蛋。"木须肉怎么没有肉？"我不解地问一同学。那来自西北的同学很肯定地告诉我，木须肉就是木耳炒鸡蛋。于是，在很长一段时间里，我一直以为，木须肉就是黑木耳炒鸡蛋。

工作后方知，木须肉原名木樨肉，是一道常见的特色传统名菜，属八大菜系之一的鲁菜（孔府菜），常被讹传为木须肉、苜蓿肉等。其菜以猪肉片与鸡蛋、木耳等混炒而成，因炒鸡蛋色黄而碎，类似木樨而得名。

清人梁恭辰在其《北东园笔录·三编》中记载："北方店中以鸡子炒肉，名木樨肉，盖取其有碎黄色也。"木樨肉是典型的北方菜，原料除了猪肉、鸡蛋和黄花菜，山东孔府的做法要有黑木耳和玉兰片（笋片），北京的做法要有黑木耳、金针菜和黄瓜。此菜胜在制作方便，原料随手可得；味道清新、口味鲜美、口感厚实、营养丰富、老少咸宜。

可能是那时猪肉供应紧张，学校食堂在做木须肉这道菜时不得已，省去了猪肉这一环节，以鸡蛋和木耳充数。好在彼时只要能果腹，我们对吃的奢望并不高，对菜品的理解也很肤浅。

如今，物质供应丰富了，木耳也从昔日高高在上的殿堂走进了寻常百姓家，超市、菜场随处可见。人们在挑选木耳时更注重品质，一般的木耳难入法眼。

从大兴安岭返城到一家机关工作的同学，在挑选木耳这方面可谓权威。一次酒足饭饱后，他不无得意地说，识别秋耳、春耳最直接的方法是观察其外观和颜色，秋耳实体背腹两面不同，腹面为灰黑色或灰褐色，背面为黑色或黑褐色。春耳则没有这些特征。

其次，还可以根据手感来鉴别。秋木耳质轻，手感不硬，有一定韧性。春耳则质重，易结块或发脆，稍捏即碎。

他强调，在挑选木耳时，以朵大均匀，耳瓣舒展少卷曲，体质轻，吸水后膨胀性大的为上品；朵形中等，耳瓣略有卷曲，质地稍重，吸水后膨胀性一般，属于中等品；如果朵形小而碎，耳瓣卷曲，肉质较厚或有僵块，质量较重的，属于下等品。

黑木耳每个朵面以乌黑有光泽、朵背略呈灰白色，为上等品；朵面萎黑无光泽，为中等品；朵面灰色或褐色，为下等品。

质量好的木耳是干而脆，次的是发韧扎手。通常要求木耳含水量在11%以下为合格品。试验木耳水分多少的方法是，双手捧一把木耳，上下抖翻，若有干脆的响声，说明是干货，质量优，反之，说明货劣质次。也可以用手捏，若易捏碎，或手指放开后，朵片能很快恢复原状的，说明水分少；如果手指放开后，朵片恢复原状缓慢的，说明水分较多。

同学选购木耳时，有个"诡异"的举动：取木耳一片，含在嘴里。他说，若清淡无味，则说明品质优良，若有咸、甜等味，或有细沙出现，则为次品或劣品。好的木耳泡开后，摸着特别有韧性，胶质感十足，用手去捏去撕，不会轻易破损。

他认为，同样是秋耳，也分好几个档次。单片厚秋耳由于耳片小而厚，最宜炖菜、煲汤。凭经验，"闽龙达"有机单片厚秋耳是其中精品。

（文/田　野）

闲情逸致话"零食"

　　小时候吃过很多零食，最让我惦记的莫过于"牛肉干"。记忆中，好的牛肉干做法应该是：以上等鲜牦牛肉、食用盐，辅以山楂、茶叶包、桂皮、大料、花椒、香叶、陈皮、良姜、肉蔻、草果、酱汁、葱段、姜片等，精制而成。其味辣中带甜，香气扑鼻。

　　长大后很少吃零食，因为零用钱都花在抽烟上了。一天傍晚，离晚饭的时间还早，我突然觉得肚子很饿，就去家附近的"零食多"买吃的。看着琳琅满目的食品，不知道该买什么的时候，我的眼睛突然被手撕（风干）牛肉干吸引。买了一袋，打开包装，从"丝丝缕缕"中取出一条，放入口中，津津咀嚼。哇，肉质密实，酱香漫溢。还有一种熟悉的味道——童年的味道。

　　零食多，是近几年崛起的一家专门生产销售各类零食的企业。这家企业攻城略地速度之迅猛，令人咋舌。在上海的大街小巷，如雨后春笋般"一夜长大"。门楣上用小电珠缀就的三字店招，在暮色中一闪一闪，五光十色，很是醒目。

　　人类自古就有吃肉干的习俗。在远古祖先漫长的狩猎生活中，经常有获取大型猎物，鲜肉一时吃不了，需要想办法保存。"将鲜肉制成肉干"是原始人类保存猎物的一种方法。考古发现，各地的原始部落都有制作肉干保存猎物的证据，这种制作方法甚至早于人类对"火"的使用。

　　汪曾祺曾在文章中说，几乎所有记述两宋风俗的书无不记"市食"。钱塘吴自牧《梦粱录》、《分茶酒店》较为详备。宋朝的肴馔好像多是"快餐"，是现成的。中国古代人流行吃羹。《水浒传》林冲的徒弟说自己"安排得好菜蔬，端整得好汁水"，"汁水"也就是羹。《东京梦华录》云"旧只用匙今皆用筋矣"，可见本都是可喝的汤水。其次是各种菜，鸡、鸭、鹅。再次是半干的肉脯和全干的肉。几本书里都提到"影戏"，我觉得这就是四川的"灯影牛肉"之类的食品。

相传，牛肉干起源于秦始皇的军队。秦军在一次战斗中携牛肉干出征。由于牛肉干体积小、分量轻，秦军边行军边食用，体力保持颇佳，因此抢得战机，大获全胜，秦王得知此事大喜，便推广到全军，使秦军势如破竹。

又有传说称，牛肉干起源于成吉思汗的蒙古铁骑，披坚执锐，横扫欧亚，其超强的战斗力和耐力是因为具有良好的后勤保障——风干牛肉，功不可没。它保质期长，易储，热量高，被认为是蒙古大军的秘密武器之一，亦被誉为"成吉思汗的军粮"！

无论哪种传说，都有一个相似之处：牛肉干用作"征战军粮"是有一定道理的。

现代医学研究证明，牛肉干中含有的人体所需蛋白质和氨基酸成分极为丰富，故营养价值高，对老年人、儿童强身健体及病后恢复，有特别好的帮助。牛肉干的功效，有补脾胃、益气血、强筋骨、消渴、消水肿、缓解腰酸软等，每天食用50克至100克，可补充每日所需营养元素。

"零食多"手撕（风干）牛肉干，是如何研制而成的？答案很动人，因为"友情"。

李先生，是零食多老总吴董的好友。当年，李先生在举家移民澳洲前，将别人馈送给自己的西北风干牛肉，转送给吴董。吴董尝了后，觉得特别好吃，肉质有嚼劲。当时，牛肉干和灯影牛肉风靡全国。于是，吴董决定将风干牛肉干和灯影牛肉做一些结合，打造出一款各个年龄段都喜欢吃的，都咬得动的牛肉食品。

手撕（风干）牛肉干，原料是关键。为了给消费者健康美味的零食，零食多的采购团队寻遍全国原料基地，最终决定将培育基地设立在山林湖泊边。好山好水出好品嘛！他们选用红原牦牛牧场的高原牦牛；精选肉质优良、肉纤维较长的腿部肌肉，牛后腿肉最大的优点就是肌理清晰、肉质鲜美（每头牦牛后腿瘦肉仅能制成手撕牛肉10余斤）。他们挖掘古方，精选数十种天然植物调味料，采用数十道现代生产工艺，研制出这款美食。

和对牛肉干的眷恋一样，我对糖炒栗子也是念念不忘，喜欢栗子的那种甜和糯。小时候，每逢秋后栗子上市，走在街头，总会看到摆在商店里的大锅，弥漫着暗含焦香的气息，给人一种温暖香甜的感觉；还不时地听到一声沉闷的爆音，那是栗子外壳裂开了。炒锅里升腾起袅袅烟气，淡淡地透着一股"引力"，令人不由得放慢脚步，向它靠近……

"糖炒栗子，又香又甜！"随着那一声悠长的吆喝声，南来北往的行人便潮水般涌了过去……彼时，我总是到"零食多"去称几斤自己最爱吃的"良乡桂花糖炒栗子"。

对栗子的认知，源自汪曾祺的《栗子》一文。汪曾祺在文章中说，栗子的形状很奇怪，像一个小刺猬。栗有"斗"，斗外长了长长的硬刺，很扎手。栗子在斗里围着长了一圈，一颗一颗紧挨着，很团结。当中有一颗是扁的，叫做脐栗。脐栗的味道和其他栗子没有什么两样。坚果的外面大都有保护层，松子有鳞瓣，核桃、白果都有苦涩的外皮，这大概都是为了对付松鼠而长出来的。

把栗子放在竹篮里，挂在通风的地方吹几天，就成了"风栗子"。风栗子肉微有皱纹，微软，吃起来更为细腻有韧性。不像吃生栗子会弄得满嘴都是碎屑，而且味道更甜。贾宝玉为一件事生了气，袭人给他打岔，说："我想吃风栗子了。你给我取去。"怡红院的檐下是挂了一篮风栗子的。风栗子入《红楼梦》，身价就高起来，雅了。这栗子是什么来头，是贾蓉送来的？刘姥姥送来的？还是宝玉自己在外面买的？不知道，书中并未交代。

汪曾祺说，炒栗子宋朝就有。笔记里提到的"栗"，我想就是炒栗子。汴京有个叫李和儿的，因栗闻名。南宋时有一使臣（偶忘其名姓）出使，有人遮道献栗一囊，即汴京李和儿也。一囊栗，寄托了故国之思，也很感人。

据说，现实中的张爱玲喜欢吃糖炒栗子，记得张爱玲说过，她看《红楼梦》，看到宝钗因为史老太太喜欢吃甜软的东西，就专捡老太太喜欢吃的东西。这是她做人的大气，在如今社会，大家会喜欢宝钗的孝顺。爱玲她自己呢，也像宝钗一样，也喜欢甜软的。而糖炒栗子就有点甜软的嫌疑，不知道这样的解释，是否靠谱。

家附近的零食多门店，是我老婆闲暇时最爱去的地方。到那里去买上一斤话梅瓜子，边看电视，边嗑瓜子，是一件很惬意的事情。

丰子恺在《吃瓜子》一文中说，这是一种最有效的"消闲法"。要"消磨岁月"，没有比吃瓜子更好的方法了。

"为了它有一种非甜非咸的香味，能引逗人不断地要吃。想再吃一粒不吃了，但是嚼完吞下之后，口中余香不绝，不由你不再伸手向盆中或纸包里去摸。"

我老婆吃瓜子的技术和模样，诚如丰子恺在文中所形容："这瓜子太燥，我用力又太猛，'格'地一响，玉石不分，咬成了无数的碎块，事体就更糟了。我只得把粘着唾液的碎块尽行吐出在手心里，用心挑选，剔去壳的碎块，然后用舌尖舐食瓜仁的碎块。"

零食多话梅瓜子，个大、饱满、形状平整，放进口里，用白齿"格"地一咬；再吐出来，两瓣瓜子壳各向两旁扩张而破裂，很适合我老婆这种半桶子水的"伪嗑瓜子爱好者"享用。

"零食多"发展至今，产品类目越发丰富，10大类目3000余款商品：有炒香、蜜饯、鱼鲜、肉珍、香卤、糕点、糖果、冲饮、杂粮等，全方位覆盖休闲食品领域，几乎涵盖零食市场所有品种。

饱满的果实夹杂着泥土的芬芳，每一粒都有森林的气息，这一刻的炒香格外清新。酸甜滋味，由心体会，诱惑蜜饯，让这份原始的自然之味读懂味蕾。闻之烹香，食之鲜香，美味肉珍，让无肉不欢的吃客唇香四溢。来自海洋深处的无限能量，柔韧鲜美，鱼鲜的珍味都是真滋味。

闲暇时光，泡一壶茶，上一碟坚果、几块糕点，让茶、果、糕点的味道纠缠，勾起内心深处对美好甜蜜的向往。

我觉得，从健康角度来说，吃适量的零食，有益身心健康，这不是"蛊惑"，是我的真实感受。我愿意从"零食多"出发，品味美好。丝丝美好，融化舌尖，并非不愿分享，只是沉醉其中。

（文/林世铎）

雄鸡一唱天下白

电影散场，随着人潮走出影院，儿子意犹未尽，一个劲儿地聊着动画片中有趣的剧情。经过隔壁超市时，他放慢脚步，小手开始发力，连撒娇带拖拽地把我拉到了糖果货架前，东寻西找，终于在一抹明艳的"鹅黄"前站定。这不是喔喔"黄小栗"奶糖吗！看来我家这枚"小黄人控"，又嘴馋了……

我给他买了一袋，但"约法三章"：要有计划地吃，要慢慢品尝，要懂得分享。他欢喜地点点头，取出一颗糖，撕开糖纸，迎着我，伸长小手，踮起脚尖……哦，原来是要递给我吃啊！咀嚼着奶香浓郁的糖块，一股莫名的感动涌上心头：20多年过去了，它依然美味暖心，依然不负"雄鸡一唱天下白"的美名，依然是我钟爱的"喔喔"！

上世纪90年代，我还是个稚气未脱的孩童。有那么一段时期，我痴迷于"集糖纸"。话梅糖的，高粱饴的，酥糖的，水果糖的，酒心巧克力的，各种口味、各种花色地收集着，颇有成就感。每次剥糖都小心翼翼，将糖果轻轻移出，把糖纸展开，抚平褶皱，用妈妈的笔记本压着，待数日，取出，放进一个小盒子里。那时候，这个"爱好"在弄堂小伙伴之间很是流行，我们经常会带上各自的"宝盒"，去某个同伴家，开开"藏品交流会"，有时还"互通有无"，来点"物物交换"。

"喔喔"，就是在这个时期兴起的奶糖品牌。在那时，它的糖纸是个亮点。不同于卷裹式的单纸，它的更像一只小枕头。取一把撒在桌上，红橙黄绿青蓝紫，五颜六色，如彩虹般绚烂；画面中一只彩色大公鸡，昂首挺胸，似在高歌。"喔喔"的出现，刷新了我们的"收藏"指标。大家竞相行动，以集齐全套糖纸为乐。

当时，能够获得"喔喔"奶糖的主要途径是婚礼。喜宴上，新人通常会给每个客人准备两袋"喔喔"。依稀记得那是个手掌大小的红色包装袋，每袋八颗糖，两颗"喔喔"（原味奶糖，与品牌同名），两颗"佳佳"（咖啡味奶糖），还有四颗水果硬糖。很多小伙伴一拆包装就直奔主题——四颗奶糖吃起来，嚼起来，吮  吸起来。而我有点另类，喜欢把好吃的留在最后，先尝水果糖，一番橙香柠香清口之后，再"请"出可爱的"喔喔"和"佳佳"。

糖纸的锯齿边极易撕开，但我不喜欢那样操作，因为糖纸会不完整。我都是像给奶糖宽衣一样，从背面的塑封处入手，取出香甜立体的糖块，放入口中，舌尖滑过，柔香如缕。融化的糖汁，牛乳般溢满口腔每一个角落。"好吃！"每当这个时候，心底就会发出这样一声质朴的赞叹。

数年之后，通过一些新闻报道，我才知道，喔喔公司起步于上世纪70年代末，雏形是上海庆丰塑料彩印厂，1991年开始涉足食品业，生产糖果。而我和小伙伴们拼命积攒的漂亮糖纸，便是当年的创新之举——塑料枕式包装。而让我们流连忘返的"奶香美味"还有一个专业的名字——砂质奶糖，它和它的生产工艺更是了不起的国家发明专利，可谓当时食品界的高科技！"纯、香、浓、滑、柔、韧"，儿时的我，无法如此精准地表述"喔喔"奶糖的美好，就单纯地觉得，嚼着它，很幸福，很满足。

当时间老人走进21世纪，我已是菁菁校园的高三学子。每天埋首在书山题海，生活紧张而单调。忙里偷闲，我和同学们会利用零星时间，聊聊明星八卦，尝尝"网红"美食，盼盼大学时光。

就在这一年，万千少女的偶像周渝民（仔仔）"牵手""喔喔"，代言喔喔360°奶糖。作为当时红透半边天的F4成员，仔仔的加入，赋予了"喔喔"品牌时尚与活力。

坐在我后排的倩倩就是仔仔的"忠粉"，她的书包里常备喔喔360°奶糖。记得一堂自习课上，同桌小垒"用功过度"，饿得四处觅食，我等无粮相助，多亏倩倩的"百宝箱"。

几颗奶糖下肚，小垒还像霜打的茄子般没精打采，倩倩见状，索性把整包糖果都给了他。没想到，一接过糖袋子，小垒就满血复活般得瑟起来。"不对劲，我看你早就恢复了！"倩倩疑惑道。小垒则调皮地说："这奶糖既好吃又管饱，所以，就让我贪一回嘴吧！"倩倩假装瞋视，嘴上却乐呵道："以后不许给我'演戏'。想吃就说'喔'！"一句话，把一片同学都逗乐了。

还有一次，我从食堂吃完饭回到教室，发现小垒的桌上多了两颗喔喔360°奶糖。会是谁送给他的？我寻思着答案，刚想拿起来看看，后背被人拍了一记。原来是倩倩，她示意我不要去碰，有好戏在后头呢！不一会儿，小垒摸着圆滚滚的肚子回来了。看到桌上的糖果，那叫一个惊喜啊！他环视了一圈，想找到那位送糖的"好心人"，却发现同学们不是在看书，就是在午睡。于是，他就"不客气了"，抓起一颗正要撕开，手突然停下了。"这是谁设的'空城计'！"他再次环顾四周，手里鼓鼓的"糖"被捏得瘪瘪的。"怎么会是空壳子？你中计了？"我还故作怜悯状。怎料，"扑噗"一声传来，倩倩终究没能忍住——身份暴露。小垒则"郑重其事"道："就晓得是你，演技太差了！"又是一阵欢笑，回响在我们身边。

我们的高中时代就在读读写写、嬉嬉闹闹中度过了。高三的暑假，小垒和倩倩手拉着手，出现在同学聚会的现场，他们都考入了上海不错的高校，准备开始一段甜蜜的旅程。除了考试、排名、分数、志愿，整个高三，我们还记住了一个温馨的名字——喔喔360°奶糖。

一眨眼的工夫，我就完成了人生几件重要的事情：读书、工作、结婚、生子。如今，儿子也背着书包上学堂了，再过几年，就能"打酱油"了。时光匆匆流去，我和"喔喔"的缘分倒是越来越深。

到了儿子这一代，"彩色大公鸡"版喔喔奶糖已成经典，"大眼萌萌"的"喔喔黄小籽"则引领着潮流。在一次活动中，我了解到"喔喔"公司从2015年开始就启动了"品牌年轻化新征程"的战略，"喔喔黄小籽"就是这项战略的首款落地产品。

通过对当前市场、当下消费者的研究分析，"喔喔人"发现：必须在更年轻的消费者的脑子里植入品牌资产，使"喔喔"品牌年轻化。于是，就有了由卡通明星"小黄人"开启的"卖萌"营销新路。

"喔喔黄小糯"是中国奶糖品牌与美国环球影视的一次联姻。如今，年轻消费生力军"90后"、"00后"在供过于求的商品市场中，如何选择自己的所需所爱？颇具时代感的元素，极易打动他们，"喔喔黄小糯"就是一大印证。

从影院回到家中，儿子的小手依然抱着"黄小糯"的糖袋子，像守着宝贝似的。我开玩笑地说，再给妈妈来一颗吧！他神秘兮兮道："好的，但你要先陪我玩个游戏！"我应允了，他让我随机从袋中取出一颗糖。我拿了一颗"红色"的，正要开吃，他却笑着公布了"游戏规则"：请讲一个和"红色"有关的故事，然后吃糖。真是"人小鬼大"！我思忖了片刻，讲了一则《小红帽和大灰狼》，他听得兴致勃勃。听罢，竟然顾不上"游戏规则"，直接拿出一颗"蓝色"的，央求我讲《海的女儿》。哎，真是拿他没办法。在孩子的世界里，故事是动听的、珍贵的，而可以用来"买故事"的糖果，那必定也是珍贵的。

"开心不停，搞怪不止"，在"喔喔黄小糯"的包装袋上，我看到了这样的字句。这八个字，是"喔喔黄小糯"在电影上映之际推出的营销活动主题。不过，身为一枚资深"喔粉"，我觉得借此来形容"喔喔"品牌的创新能力，也是无可厚非的；而且，用它来概括各个年代消费者品味"喔喔"奶糖的感受，更是熨帖得很。

雄鸡一唱天下白，奶香四溢总有爱！看着孩子品着糖果津津有味的样子，我笑了。

(文/飞 洋)

附录一

上海特色旅游食品新评产品

（2017）

序号	单位名称	产品名称
1	上海锦江国际饭店有限公司	帆声饼屋伴手礼
2	全兴酒业销售（上海）有限公司	熊猫鉴赏酒
3	全兴酒业销售（上海）有限公司	全兴家和万事兴
4	全兴酒业销售（上海）有限公司	全兴大曲青花15
5	上海元祖梦果子股份有限公司	元祖花弄月
6	上海元祖梦果子股份有限公司	元祖蛋黄酥礼盒
7	上海金枫酒业股份有限公司	石库门荣尊系列伴手礼
8	上海金枫酒业股份有限公司	石库门海上繁华系列伴手礼
9	上海旺旺食品集团有限公司	圆木屋　森木屋
10	上海赫芙莉食品有限公司	环球小熊双花曲奇饼干
11	上海市泰康食品有限公司食品厂	鲜肉月饼（鲜肉、小龙虾、蟹黄肉）
12	上海市泰康食品有限公司真老大房食品分公司	鲜肉酥饼
13	上海哈尔滨食品厂有限公司	"哈氏"经典礼盒包装组合
14	上海市泰康食品有限公司真老大房食品分公司	咖喱肉松酥饼
15	光明乳业股份有限公司	光明再制干酪成长棒（原味）
16	上海悦香农业种植专业合作社	YCXROSA（悦采香）玫瑰露酒
17	光明乳业股份有限公司	光明一只椰子牛奶饮品
18	拾六盏（上海）网络科技有限公司	十六盏小葱油开洋
19	上海市泰康食品有限公司食品厂	杏仁排
20	上海茶叶有限公司	汪裕泰红罐
21	上海西区老大房食品工业有限公司	苔条饼
22	光明乳业股份有限公司	光明有机纯牛奶
23	光明乳业股份有限公司	光明萌小团风味奶系列饮品（巧克力、咖啡、椰子）
24	拾六盏（上海）网络科技有限公司	十六盏蟹肉辣火酱

序号	单位名称	产品名称
25	上海飘香酿造股份有限公司	青草沙牌桑果酒
26	上海来伊份股份有限公司	天天坚果
27	上海益寿金生物制品有限公司	中老年组合礼盒装
28	上海祖香食品有限公司	团团赚
29	上海牛奶棚食品有限公司	蝴蝶酥
30	上海老大同调味品有限公司	香糟风肉
31	上海清美绿色食品有限公司	清美杂粮粥系列
32	上海祖香食品有限公司	结缘饼
33	上海来伊份股份有限公司	花生牛轧糖
34	上海祖香食品有限公司	梦之圆
35	上海优亿食品有限公司	留夫鸭招牌土鸭
36	上海第一食品连锁发展有限公司	一盒上海摩登品尊礼盒
37	上海闽龙实业有限公司	500g"闽龙达"大枣夹核桃
38	上海祖香食品有限公司	免煮汤圆
39	上海可颂食品有限公司	拿破仑起酥蛋糕
40	上海来伊份股份有限公司	百年好核——小核桃仁
41	上海闽龙实业有限公司	65g"好熟悉"南疆玫瑰
42	上海阿妙食品有限公司	黑鸭风味方干
43	上海世达食品有限公司	桂冠沙拉200g
44	上海阿妙食品有限公司	五香风味鸭掌
45	上海来伊份股份有限公司	手剥松子
46	上海金泽善徕豆制品厂	赵家香干
47	上海心德食品有限公司	龙须酥
48	上海财治食品有限公司	酱鸭
49	上海三牛食品有限公司	上海老蛋糕
50	上海泰德利食品饮料有限公司	泰德利维他命饮料
51	上海三牛食品有限公司	三牛椒盐味苏打饼干（韧性饼干）
52	上海财治食品有限公司	去骨爪
53	上海三牛食品有限公司	三牛万年青饼干（酥性饼干）
54	上海沪香果业专业合作社	枇杷果汁饮料

附录二

上海特色旅游食品复评产品

（2017）

序号	单位名称	产品名称
1	上海元祖梦果子股份有限公司	元祖雪月饼
2	上海元祖梦果子股份有限公司	元祖旺来酥礼盒
3	上海澳莉嘉食品有限公司	瓜仁派
4	上海珍尼花食品有限公司	珍尼花曲奇饼干
5	上海锦江国际饭店有限公司	帆声饼屋蝴蝶酥
6	上海澳莉嘉食品有限公司	澳风蔓越莓曲奇
7	上海澳莉嘉食品有限公司	黄金糕
8	上海澳莉嘉食品有限公司	黑麻酥糖
9	上海旺旺食品集团有限公司	那多利鱼丝
10	上海澳莉嘉食品有限公司	松饼
11	上好佳（中国）有限公司	大湖100%橙汁2L
12	上海丁义兴食品股份有限公司	枫泾丁蹄
13	上海佳帅食品有限公司	佳帅三国贡品
14	上海梨膏糖食品厂	豫园"梨膏糖"
15	上海艺杏食品有限公司	鸡蛋干
16	上海来伊份股份有限公司	鸭肫
17	上海台尚食品有限公司	沙琪玛
18	上海闽龙实业有限公司	550g "闽龙达"新疆骏枣
19	上海至多食品销售有限公司	零食多牛肉制品
20	上海巧洋食品销售有限公司	牛轧糖
21	上海茶叶有限公司	汪裕泰红罐
22	上海西区老大房食品工业有限公司	苔条饼

附录三

上海特色旅游食品产品

（2010-2016）

序号	单位名称	产品名称
1	上海元祖梦果子股份有限公司	元祖雪月饼
2	上海元祖梦果子股份有限公司	宝岛凤梨酥礼盒
3	上海元祖梦果子股份有限公司	结果子礼盒
4	上海元祖梦果子股份有限公司	抹茶糕
5	上海元祖梦果子股份有限公司	绿豆糕礼盒
6	上海元祖梦果子股份有限公司	御果子礼盒
7	上海元祖梦果子股份有限公司	元祖脱兔戏月礼盒
8	上海元祖梦果子股份有限公司	元祖花礼月礼盒
9	上海旺旺食品集团有限公司	那多利鱼丝
10	上海旺旺食品集团有限公司	哎呦燕麦粥
11	上海旺旺食品集团有限公司	那多利鱼酥
12	上海旺旺食品集团有限公司	那多利芝士鱼棒
13	上海旺旺食品集团有限公司	浪味海苔
14	上海旺旺食品集团有限公司	旺旺芝士仙贝
15	上海旺旺食品集团有限公司	旺旺米龙
16	上海旺旺食品集团有限公司	旺旺经典曲奇
17	上海旺旺食品集团有限公司	Mr.HOT 辣人综合零食包
18	上海艺杏食品有限公司	鸡蛋干
19	上海偕格食品有限公司	珍尼花手工曲奇
20	上海澳莉嘉食品有限公司	瓜仁派
21	上海澳莉嘉食品有限公司	黑麻酥糖
22	上海澳莉嘉食品有限公司	澳风蔓越莓曲奇
23	上海澳莉嘉食品有限公司	松饼
24	上海澳莉嘉食品有限公司	黄金宝（芝麻）
25	上海澳莉嘉食品有限公司	苔条麻花

序号	单位名称	产品名称
26	上海澳莉嘉食品有限公司	凤梨酥
27	上海澳莉嘉食品有限公司	南枣核桃糕
28	上海澳莉嘉食品有限公司	蝴蝶酥
29	上海澳莉嘉食品有限公司	一口香
30	上海糖味斋贸易有限公司	"糖城"牛轧糖
31	上海老城隍庙食品有限公司	"豫园"梨膏糖
32	上海老城隍庙食品有限公司	"老城隍庙"五香豆
33	上海祖香食品有限公司	爆浆手造麻薯
34	上海祖香食品有限公司	上海名物——和菓子
35	上海祖香食品有限公司	上海名物——桃山
36	上海祖香食品有限公司	信玄桃
37	上海祖香食品有限公司	凤梨酥
38	上海祖香食品有限公司	梅果冻
39	上海祖香食品有限公司	黄桃冻
40	上海心德食品有限公司	佳帅三国贡品
41	上海心德食品有限公司	一合酥
42	上海心德食品有限公司	祥云酥
43	上海心德食品有限公司	一合酥系列龙须酥
44	上好佳（中国）有限公司	大湖 100% 橙汁 2L
45	上好佳（中国）有限公司	上好佳——麦醇（原味、海苔）
46	上海闽龙实业有限公司	550g 闽龙达新疆骏枣
47	上海闽龙实业有限公司	218g 闽龙达精选单片厚秋耳（有机）
48	上海克莉丝汀食品有限公司	简装原味蟹派
49	上海克莉丝汀食品有限公司	时尚年轮糕点
50	上海克莉丝汀食品有限公司	蒟蒻小果冻系列
51	上海至多食品销售有限公司	零食多牛肉制品
52	上海至多食品销售有限公司	休闲卤味（野山椒凤爪）
53	上海至多食品销售有限公司	零食多蛋白素肉
54	上海百味林实业有限公司	百味林猪肉脯
55	上海丁义兴食品有限公司	枫泾丁蹄

序号	单位名称	产品名称
56	上海来伊份股份有限公司	鸭肫卤味鲜
57	上海来伊份股份有限公司	精制猪肉脯
58	上海来伊份股份有限公司	碳烧腰果
59	上海来伊份股份有限公司	本色开心果
60	上海来伊份股份有限公司	芒果干
61	上海台尚食品有限公司	台尚沙琪玛
62	上海台尚食品有限公司	台尚果冻
63	上海锦江国际饭店有限公司	蝴蝶酥
64	上海哈趣食品有限公司	桂花香型盐水鸭
65	上海可颂食品有限公司	可颂坊土凤梨酥礼盒
66	上海冠生园食品有限公司	（生·冠生园）广式月饼
67	上海冠生园食品有限公司	大白兔奶糖
68	上海冠生园食品有限公司	蜂蜜
69	上海冠生园食品有限公司	大白兔糖型礼罐
70	上海冠生园食品有限公司	大白兔奶糖奶瓶装
71	上海山林食品有限公司	山林 QQ 肠
72	上海山林食品有限公司	山林凤鹅
73	上海山林食品有限公司	老饶牌山林咸草鸡
74	上海山林食品有限公司	老饶牌山林大红肠
75	上海山林食品有限公司	素牛肉干
76	上海山林食品有限公司	牛蒡火腿
77	上海海融食品科技股份有限公司	津彩果酱 花瓣酱
78	上海南区老大房食品有限公司	起酥海苔麻花
79	上海南区老大房食品有限公司	原味脆条
80	上海南区老大房食品有限公司	松仁沙琪玛
81	上海南区老大房食品有限公司	鲜肉月饼
82	上海静安面包房有限公司	海上锦礼系列
83	上海佳源食品有限公司	"申岛"牌果仁酥系列
84	上海凯司令食品股份有限公司	凯司令大礼包（西点）
85	上海百诺食品有限公司	夜上海风景巧克力

序号	单位名称	产品名称
86	上海百诺食品有限公司	榛仁夹心巧克力／牛奶夹心巧克力
87	上海百诺食品有限公司	夹心巧克力
88	上海清美绿色食品有限公司	休闲豆干
89	上海清美绿色食品有限公司	利乐原浆产品
90	上海清美绿色食品有限公司	好芙蛋糕
91	上海清美绿色食品有限公司	椰蓉小餐包
92	上海功德林素食工业有限公司	功德酥饼
93	上海功德林素食工业有限公司	精品绿豆糕
94	上海齐泓食品有限公司	鲜花酥
95	上海太太乐食品有限公司	酱大师梅菜肉酱
96	上海利男居食品总厂有限公司	全蛋沙琪玛
97	上海阿妙食品有限公司	招牌鸭脖
98	上海阿妙食品有限公司	招牌莲藕
99	上海川湘食品有限公司	牛肉辣酱
100	上海川湘食品有限公司	火锅调料
101	上海川湘食品有限公司	四川辣油
102	上海川湘食品有限公司	辣油辣椒
103	上海西区老大房食品工业有限公司	松仁沙琪玛
104	上海杏花楼食品有限公司	豆沙月饼
105	上海澳雅食品有限公司	绿田源超高温灭菌全脂纯牛奶
106	上海新麦食品工业有限公司	米戈尔—精品礼盒
107	上海练塘叶绿茭白有限公司	练塘牌茭白干
108	上海市泰康食品有限公司食品厂	鲜肉月饼
109	上海市泰康食品有限公司真老大房食品分公司	手工曲奇—蔓越莓曲奇、亚麻籽曲奇
110	上海悦香农业种植专业合作社	悦采香玫瑰花茶
111	上海悦香农业种植专业合作社	悦采香玫瑰花酥
112	十六盏（上海）网络科技有限公司	十六盏瑧味全素礼盒
113	十六盏（上海）网络科技有限公司	十六盏荟萃中华礼盒
114	上海念留文化发展有限公司	念留海上——江浙沪周边景点版四式蜜饯

序号	单位名称	产品名称
115	上海念留文化发展有限公司	念留海上——上海地形版冰激淋牛奶糖
116	上海念留文化发展有限公司	念留海上——上海轨道交通版牛油曲奇饼干
117	上海城市超市有限公司	城市超市卡通饼干
118	上海城市超市有限公司	城市超市蝴蝶酥
119	上海阿咪儿童食品有限公司	麦芽糖醇纯脂生巧克力
120	上海沪郊蜂业联合社有限公司	联蜂牌蜂蜜
121	上海牛奶棚食品有限公司	鲜花饼
122	上海阿妙食品有限公司	黑鸭风味鸭翅中
123	上海石库门酿酒有限公司	石库门荣尊 30 小瓶装黄酒
124	上海石库门酿酒有限公司	石库门经典 20 小瓶装装酒
125	上海石库门酿酒有限公司	石库门锦绣 12 小瓶装黄酒
126	上海优亿食品有限公司	留夫鸭掌
127	上海喔喔（集团）有限公司	喔喔黄小粿原味奶糖
128	红宝石食品有限公司	榛果球
129	上海如源食品有限公司	浓芯慕思夹心酥
130	上海如源食品有限公司	醇然无蔗糖夹心蛋糕
131	上海如源食品有限公司	浓芯慕朗尼夹芯酥
132	苏州健晟食品有限公司（上海分公司）	健晟牛肉干
133	苏州健晟食品有限公司（上海分公司）	健晟牛肉粒
134	苏州健晟食品有限公司（上海分公司）	健晟猪肉松

后 记

　　行走的味道，是游子思念的梨膏糖，一粒入口，一解乡愁。行走的味道，是旅人青睐的蝴蝶酥，层层酥皮，满载申城印象。本书由上海市总工会《主人》编辑部、上海市食品协会编写。本书结合成功举办8年的"上海特色旅游食品"评选活动，从188种获奖产品中粹选了42种进行赏鉴，以散文形式展现了"上海特色旅游食品"的海派格调、文化情怀和工匠精神，积极挖掘食品背后的动人故事，充分解构"上海特色旅游食品"与上海的历史文化、旅游文化和人文情怀的关系，是一本不可多得的"好看又好吃"的"上海美食指南"。

图书在版编目（CIP）数据

　　行走的味道：上海特色旅游食品赏鉴 /《主人》编辑部，
上海市食品协会联合编写. ——上海：上海三联书店，2018.2
　　ISBN 978-7-5426-6190-6

　　Ⅰ. ①行… Ⅱ. ①主… ②上… Ⅲ. ①饮食—文化—
上海 Ⅳ. ①TS971.202.51
　　中国版本图书馆CIP数据核字（2018）第005712号

行走的味道：上海特色旅游食品赏鉴

编　　者 /《主人》编辑部
　　　　　上海市食品协会

责任编辑 / 陈启甸　陆雅敏
装帧设计 / 沈　佳
监　　制 / 姚　军
责任校对 / 李　莹

出版发行 / 上海三联书店
　　　　　（201199）中国上海市闵行区都市路4855号2座10楼
邮购电话 / 021-22895557
印　　刷 / 上海展强印刷有限公司

版　　次 / 2018年2月第1版
印　　次 / 2018年2月第1次印刷
开　　本 / 710×1000　1/16
字　　数 / 200千字
印　　张 / 12.25
书　　号 / ISBN 978-7-5426-6190-6/G·1483
定　　价 / 42.00元

敬启读者，如发现本书有质量问题，请与印刷厂联系：电话021-66510725